《数字圆明》丛书

DIGITAL OLD SUMMER PALACE SERIES

上下天光

SHANGXIATIANGUANG

U0377486

上海远东出版社

本书由2013年度国家科技支撑计划"重现辉煌"数字圆明园研究
及文化旅游应用示范项目(2013BAH46F00) 资助出版

丛书主编 / 贺艳

本书作者 / 贺艳 吴璠 崔金丹

研究组员 / 郭黛姮 贺艳 肖金亮 殷丽娜 吴祥艳 吴璠 高明 邹峰 崔金丹等

序 FOREWORD

自从 1860 年圆明园被毁至今，在国人心目中除了对帝国主义焚毁圆明园的愤恨之外，始终存在着一种期待，期待着看到当年圆明园的辉煌盛境。然而对于这样一座皇家园林，并不能仅仅依靠文字的描述，需要给人以具体的形象，让人们能够知晓它的样子。社会上一直存在着一种呼声，要求复建圆明园，其中一部分是由于对保护文物的法则不了解，忽视了圆明园作为爱国主义教育基地的性质，但却也反映出一种朴素的愿望——希望认知圆明园。毕竟圆明园是"园林"，是有血有肉的，不能仅仅依靠美丽的文字描述、形容一番就令人满意了。

2000 年我们选择"圆明园"作为科研课题之时，回顾过去的研究状况，尽管取得了许多研究成果，但这些成果中缺少的却是对圆明园整体景观和具体影响的研究；虽然有过关于圆明园的影视作品，但那算不上完美的介绍，因为形象不准、未考虑时间因素，未能表现圆明园的变化；对于这个中国造园史上集大成者的形象，并不能靠已有的少数专业法则，如清《工部工程做法》之类的书籍，就能科学地呈现出圆明园的完美形象，为此我们决定采用"总体史"的研究方针，通过全面地考察圆明园自 1707 年建成到 1860 年被毁这 150 多年的历史，深入挖掘圆明园在每位帝王驻园时期的档案，理出一个这座皇家园林建筑的独特构成法则和其变化的系谱。到了 2009 年，我们运用已有的科研成果，开始了"再现·圆明园"的数字化研究工作。圆明园的景区数以百计，经过两年的工作，目前完成了 30 处 80 个历史时段的场景，现将部分景区的研究工作通过本套图书做一些介绍。在这些景区中，对于每栋建筑，根据当时的样式房遗存图样、奏销档、活计档等历史档案以及官方的历史文献、清人笔记，进行详细的解读，

乾隆时期、嘉庆时期、道光时期、道咸时期、庚申劫难、同治重修等进行研究、整理，有的景区还研究了民国时期、新中国成立后的保护工作和近年考古发掘的状况，从中看出其不断变化的轨迹。在这样的研究基础上，找出了景区建筑、园林、山水、花木等不同时段的变化与特点，然后绘制图纸、制作三维模型，向世人呈现出一个历史上存在的真实的圆明园。

过去，圆明园最权威的图像资料只乾隆九年的《圆明园四十景图》，和《西洋楼铜版画》，现在通过数字化再现的圆明园，可以发现若干人们从未见过的景观，它既包括了圆明园在不同时期的改建、扩建等方面的信息，也包括了园林空间所产生的新形态。这正是150年间，或由于每位皇帝审美情趣的改变，或由于自然环境的变化而出现的景观。在"数字圆明"这套丛书中，可以从已经复原了的景区中，看到鲜为人知的圆明园变迁过程，它的景观曾经是那么的多姿多彩。

目 录

前言 PREFACE

　　"圆明园"在中国人心中具有非常重要的地位和复杂的情感，一是因为它毁于外敌之手而成为近代国耻之痛，二是因为它在被焚毁之前享誉世界的辉煌盛景。当时，这座东方夏宫的美丽景致通过传教士和外国来使的书信、笔记等远播到欧洲，因此在英法联军火烧圆明园之后，法国大文豪雨果愤而写下《致巴特勒上尉的信》，将圆明园与雅典卫城并提，"在世界的某个角落，有一个世界奇迹，这个奇迹叫圆明园。艺术有两种起源，一是理想，理想产生欧洲艺术，一是幻想，幻想产生东方艺术。圆明园在幻想艺术中的地位，和帕台农神庙在理想艺术中的地位相同。一个几乎是超人民族的想象力所能产生的成就尽在于此……"。

　　这座被誉为"万园之园"的圆明园是一座典型的集锦式园林，园内以山、水、植物、围墙等划分出一个个相对独立的小景区，主题各异、景致各异，除了广为人知的"圆明园四十景""西洋楼景群"外，还有"绮春园三十景"等，充分体现了"何分东土西天，倩它装点名园""移天缩地在君怀"的帝王胸怀。需要注意的是，圆明园从1707年兴建到1860年被毁，历经了皇子赐园、帝王御园的不同阶段，即使被毁后也还有同治、光绪两度试图重修，在近200年的时间内，园林景观面貌多有改变，如帝后寝居的"九洲清晏"景区就有不少于7次的改建，作为九州后湖重要点景建筑的"上下天光"景区、取意山野村居的杏花春馆景区也都经历了景观面貌的全面改变；建筑群局部的改造和建筑物的维修、拆改等更为普遍。因此，历史上的圆明园就不是只有一个面貌，而更像一幅不断演变的动态画卷。

　　由于圆明园的绝大部分建筑都已经毁灭，那些曾经美轮美奂的景致只能依靠科学的研究复现。随着圆明园相关档案的陆续公开，圆明园遗址考古勘察、发掘工作的推进，将历史上散落的文字记录、设计图纸、烫样模型和考古遗址、遗存的实物信息相结合，极大地推进了对圆明园景区格局、建筑尺寸和构造细节等的认识。2009年开始的"数字圆明"科研项目，就是在严谨的研究基础上，借助于数字采集、辅助设计、三维建模、虚拟展示等技术，准确、直观地重现了圆明园的时空四维面貌。由于历史上各景区的定位和发展都相对独立，遗址考古工作也是按景区分期开展，因此复原研究也是按照不同的景区逐步推进的。一个完整的景区复原研究工作包含：相关文字、图像史料的全面搜集、梳理和辨析、挖掘；考古报告研读，考古遗址和遗存物的详细调查、测绘、记录；综合史料、实物信息和建筑史、园林学专业知识进行精细的复原设计研究；按照复原设计图和考古图纸建立精准的三维数字模型（数字建造），对景区在不同历史阶段（包括遗址阶段）的景观面貌进行虚拟呈现。

因此，本套丛书首次以景区为纲，每册聚焦于一个景区，按景区概述、历史研究、遗存调查、复原设计、结语、附录六个部分展开。尽可能全面汇集、解读与其相关的御制诗文、活计档、样式房图等文字、图像档案，考古资料和遗址现场记录档案，分析景区的文化内涵、使用功能、历史演变过程等；通过历年地形图、航拍图对比，梳理遗址的破坏与保护过程；并对复原设计工作的分析、权衡、推测过程进行了说明，刊布了大量遗址、遗存的勘察、测绘数据，不同历史阶段的复原设计图纸、数字复原效果图、复原准确度评价表，以及景区"现状遗址"与"历史盛景"的叠加透视图。希望本套丛书的陆续出版，能够促进对圆明园内各景区的具体研究。

第一章

景区概述

"上下天光"为圆明园四十景之一，位于圆明园后湖北岸，是组成"九州"的环湖 9 岛之一。"上下天光"东接"慈云普护"，西邻"杏花春馆"。岛体近似梨形，南北长约 130 米，东西宽约 105 米，总占地约 1.05 公顷。岛南部沿湖一线平坦舒缓，以一座两层滨水楼阁"上下天光"（道光朝称"涵月楼"）为主景；中后部以土山围合，仅在西南留有一狭窄山口进入，山谷内自成一区，点缀数座小屋，称为"平安院"。

"上下天光"一景建成较早，景区内的"饮和""平安院"诸额为雍正帝御书。[1] 前身应为皇四子赐园时期就有的"湖亭"，至乾隆年间御题赐名为"上下天光"。乾隆四年（1739）彩绘绢本写景图绘成，九年（1744）御制诗序曰："垂虹驾湖，蜿蜒百尺。修栏夹翼，中为广亭。縠纹倒影，滉瀁楣楹间。凌空俯瞰，一碧万顷，不啻胸吞云梦。"[2] 可见上下天光楼取意于洞庭湖岳阳楼，既是后湖岸线上一处显著的点景建筑，也是良好的湖景观赏点。夏秋之际凭栏赏月，南俯后湖水天一色，更是别有一番风味。[3]

道光六年（1826），"上下天光"景区进行了改建，次年五月工程竣工。本次改造最大的变化就是将上下天光楼改建为涵月楼。根据升平署档案的记载，道光七年至八年（1827-1828）间，涵月楼内酒宴频开，道光七年（1827）中秋（八月十五）、皇太后生日（八月初十），道光八年（1828）端午（五月初五）、皇太后生日（八月初十）、皇后生日（五月十七日）等重要节日，皇室都在涵月楼宴饮听戏，中秋节酉时还在楼前供月。[4] 道光帝《涵月楼对月即事》《涵月楼对月述怀》等诗就写于这两年内："澄霁秋中碧落宽，波含明镜浸光寒。烟开岸角银千顷，风定湖心玉一盘。偶凭高楼看月朗，还欣九曲庆澜安""澄清玉宇逢三五，一鉴悬空映绮楼。树影苍茫云影净，湖光皎洁月光浮。丝纶宜慎期无悔，稼穑全登庆有秋。瞻仰琼输殷戒满，乂安率土荷天休。"[5]

咸丰年间，帝王依然经常到"上下天光"来，留下了《"上下天光"即景述感》《泛舟至"上下天光"即景》《"上下天光"对雨》等多首诗句："远望高楼峙镜中，平湖放棹御微风。天光上下云光合，

[1]（清）于敏中等编撰《日下旧闻考·卷八十·国朝苑囿·圆明园一》，北京古籍出版社，1983 年：1340 页。

[2] 同上。

[3] 范仲淹《岳阳楼记》："至若春和景明，波澜不惊，"上下天光"，一碧万顷；沙鸥翔集，锦鳞游泳；岸芷汀兰，郁郁青青。而或长烟一空，皓月千里，浮光跃金，静影沉璧，渔歌互答，此乐何极！登斯楼也，则有心旷神怡，宠辱偕忘，把酒临风，其喜洋洋者矣。

[4]《道光七年恩赏旨意承应档》："八月十五日涵月楼酒宴承应。"《道光八年恩赏档》："五月初五日涵月楼酒宴承应。……五月十七日，涵月楼酒宴承应。……八月十二日涵月楼酒宴承应。"见《清升平署存档事例漫抄》。

[5] 清宣宗《御制诗》初集卷二十、卷二十四。

图 1 彩绘绢本 40 景——"上下天光"

图2 正《十二月令》图之"赏月"

波影东西雾影笼""御苑秋来似画图，晚凉好泛月波舻""平湖鹜望夏如秋，竟日滂沱洒未休。烟色四围迷远岸，泉声万斛泻高楼。"[6]

　　咸丰十年八月二十三日（1860.10.18），"上下天光"被英法联军焚毁。[7]同治重修圆明园时，拟定了改建方案，但直至同治十三年（1874）停工时，本景区仅清除了渣土，支供了大梁，未及修筑。[8]光绪元年（1875），将上下天光楼已供大梁撤下，收存在圆明园殿内。[9]

[6]《清文宗御制诗集》卷五、卷六。

[7]"咸丰十年十月，内务府大臣明善奏：……"九洲清晏"各殿、长春仙馆、"上下天光"、山高水长、同乐园、大东门均于八月二十三日焚烧。"见《清代档案史料——圆明园》：573-574。

[8]《已做活计做法清册》，转引自：刘敦桢《同治重修圆明园史料》《中国营造学社汇刊（第4卷，第3～4期）》：138。

[9]《总管内务府奏遵旨收存圆明园殿宇正梁摺》："（光绪元年四月初五日，崇纶、魁龄赴园查看）其未修殿宇所供正梁支搭席棚架木，既已停工，诚恐日久雨水淋濯，易致损坏，即使随时保护，亦属不易。臣等拟将……，正大光明殿、奉三无私、"九洲清晏"、慎德堂、"上下天光"、思顺堂前后殿正梁七架，安奉在圆明园殿内，敬谨收存"。见《清代档案史料——圆明园》：753-754。

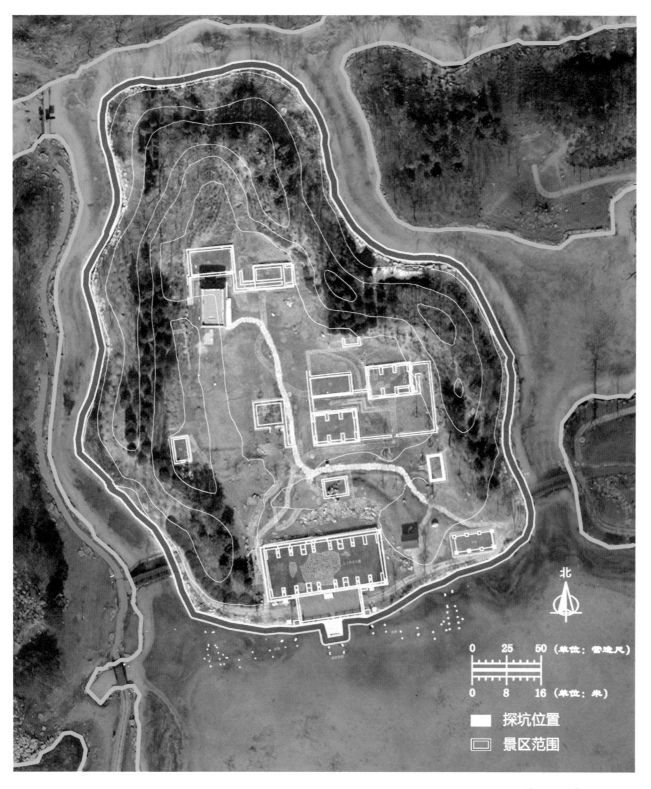

北

0　25　50 (单位：营造尺)

0　8　16 (单位：米)

■ 探坑位置

□ 景区范围

图 3 "上下天光" 遗址叠加图

2004 年，北京市文物研究所圆明园考古队对"上下天光"遗址进行了考古挖掘，清理出本景区的山水轮廓，上下天光楼、敞厅、平安院等 14 座建筑台基（或基础），湖中东、西曲桥，西夹河桥的柏木桩和柏木地丁，"上下天光"遗址内和东西两侧沿湖甬路，以及月台上石栏杆残片，部分石垂带、踏跺、柱础和铺地砖等。[10] 遗址面貌基本清晰，总体上反映了道光朝改建后的景区格局，局部还保留有乾隆朝的遗迹。

2004 年，与考古挖掘同时开展了遗址整修工程，草率地用灰砖对上下天光楼和月台基址进行了修补，用绿植对北部的几座值房遗址进行了示意性标识；湖中的曲桥遗迹则已湮没不见（或已不存？），恢复的山形和植被未进行细致的历史考证，山谷内新建的一座"简易仿古式"公厕破坏了遗址整体风貌。

[10] 北京市文物研究所《上下天光景区考古发掘报告》（未刊稿）。

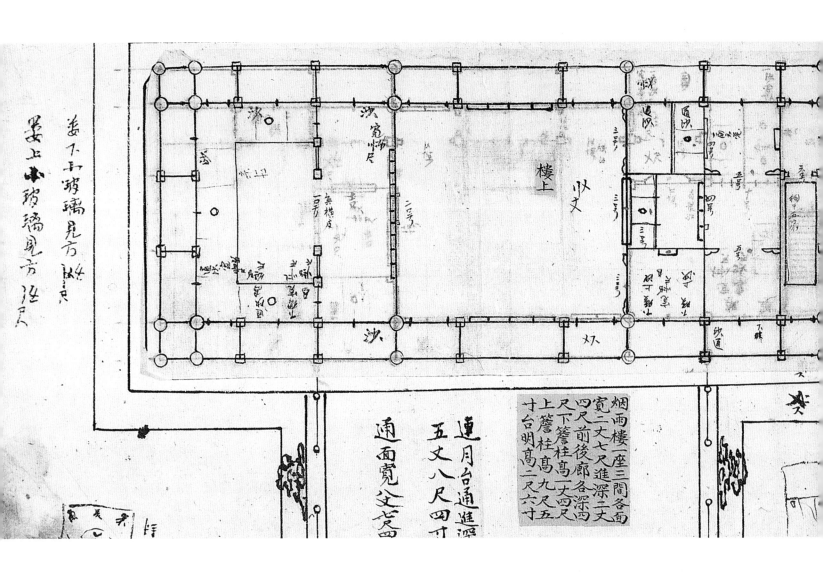

楼上

以丈

烟雨楼一座三间各面
宽二丈七尺进深二丈
四尺前後廊各深四
尺下簷柱高一丈四尺
上簷柱高一丈五尺
寸台明高二尺六寸

连月台通进深
五丈八尺四寸
通面宽又七尺四

第二章

历史研究

1. 史料荟集

就笔者检视所及，现存"上下天光"史料大致有写景图（5 幅）、设计图档（本景区图 24 幅＋相关总图）、文字档案等几类，简单罗列如下：

（1）反映了乾隆初期景区格局和建筑形象的写景图：彩绘绢本、木刻版和张若霭手绘版《上下天光》（均分别成图于乾隆九年［1744］前后），以及后续各种转摹的同类图像，如蓬壶春咏版、西洋绘画版等。

（2）全园总平面图中对于本景区格局的反映，如从乾隆中期至

图 4 其它版本四十景图
蓬壶春咏版；木刻版；钢笔画版；张若霭手绘版

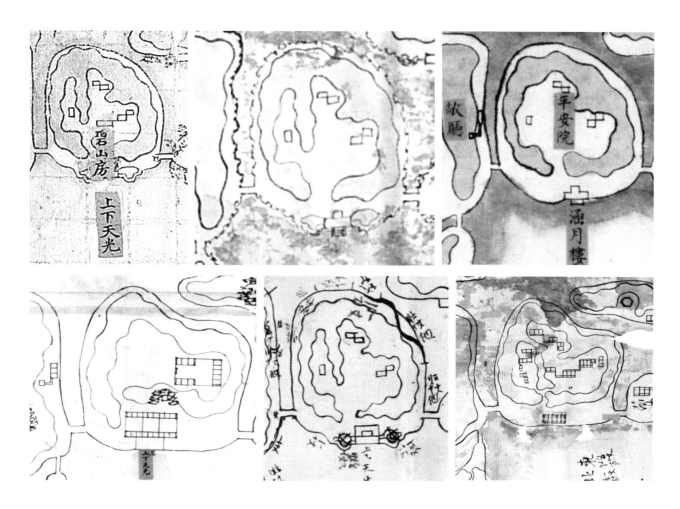

图 5　各期大总图上的"上下天光"局部截图对比（样 1704、样 43-1、样 43-3、样 1370、样 1196、样 1203）

道光中期的圆明园总平面图（故宫博物院图书馆藏样 1704 号）；咸丰末年的圆明园总平面图（故宫博物院藏样 1203 号）；以及期间的国家图书馆善本部藏样式雷排架 43-1、43-3 号，故宫博物院藏样 1370、样 1396 号等。

（3）景区总平面图，仅一张，为初绘于道光初年（六年［1826］、七年［1827］），后续又用朱笔增绘天棚的国家图书馆善本部藏样式雷排架 028-5-1 号（图注主楼与天棚尺寸与 028-9-2 完全相同）。

（4）主楼（上下天光楼、涵月楼、烟雨楼）建筑与室内装修设计图（国家图书馆善本部藏样式雷排架 028-5-3、028-6-1、028-6-2 号，故宫博物院藏样 953、954、955、956 号，清华大学图书馆藏 PpXXXI-28 等）；主楼及楼前天棚设计图纸、略节（国家图书馆善本部藏样式雷排架 028-9-1、028-9-2、028-5-2、033-2-1、028-4、033-4、062-2 号）；绘制了建筑构件大样的国家图书馆善本部藏样式雷排架 036-8、033-3 等图。

（5）记录了景区大致格局和建筑名称或形象的文献，如乾隆中期的《日下旧闻考》、道光中晚期的《圆明园匾额略节》等；记录了景区建筑修缮或陈设细节、皇室活动的奏折、活计档、升平署档案等，最早的在雍正十三年（1735），最晚的在咸丰九年（1859）；[11] 反映了景区内景观、植物种类的历朝御制诗文等。[12]

（6）记录了同治、光绪重修设计过程的图纸（国家图书馆善本部藏样式雷排架 033-1-1、033-1-2）、模型和雷氏档案。[13]

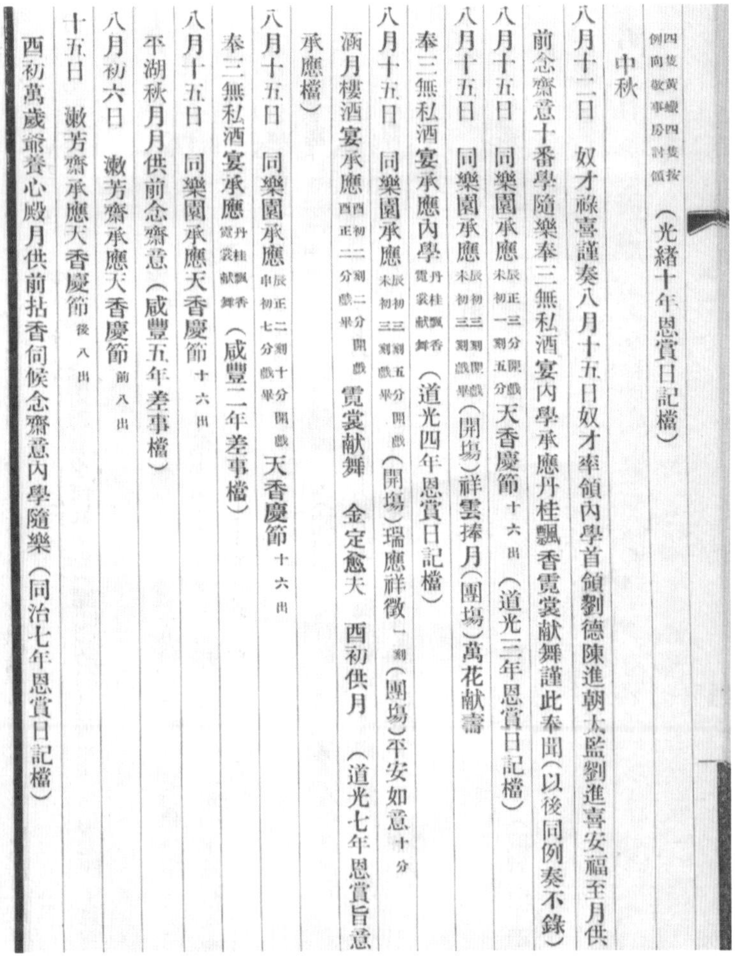
四隻黃蠟四隻按例向敬事房討領（光緒十年恩賞日記檔）
中秋
八月十二日 奴才祿喜謹奏八月十五日奴才率領內學首領劉德陳進朝太監劉進喜安福至月供
前念齋意十番學隨樂奉三無私酒宴內學承應丹桂飄香霓裳獻舞謹此奏聞（以後同例奏不錄）
八月十五日 同樂園承應辰正三分開戲未初一刻五分天香慶節十六出（道光三年恩賞日記檔）
八月十五日 同樂園承應辰初三刻開戲未初三刻戲畢（開場）祥雲捧月（團場）萬花獻壽
奉三無私酒宴承應內學丹桂飄香霓裳獻舞（道光四年恩賞日記檔）
八月十五日 同樂園承應辰初三刻五分開戲未初三刻戲畢（開場）瑞應祥徵一刻（團場）平安如意十分
涵月樓酒宴承應酉初二刻二分開戲酉正二分戲畢 霓裳獻舞 金定愈夫 酉初供月 （道光七年恩賞旨意
承應檔）
八月十五日 同樂園承應辰正二刻十分開戲申初七分戲畢 天香慶節十六出
奉三無私酒宴承應丹桂飄香霓裳獻舞（咸豐二年差事檔）
八月十五日 同樂園承應天香慶節十六出
平湖秋月月供前念齋意（咸豐五年差事檔）
八月初六日 漱芳齋承應天香慶節前八出
十五日 漱芳齋承應天香慶節後八出
酉初萬歲爺養心殿月供前拈香伺候念齋意內學隨樂（同治七年恩賞日記檔）

图 6《清升平署存档事例漫抄》中秋页

[11] 详见附录 5。

[12] 详见附录 4。

[13] 详见附录 5。

表 1 "上下天光"样式房图信息表

序号	藏处	图纸号	图幅 (mm)	绘制时间	图纸内容说明
01	国图	028-5-1	748x495	道光六、七年；后期沿用 *	景区总平面图；用朱线绘制天棚、月台两侧台阶等；标注尺寸等与 028－9-2 同。
02	国图	028-5-3	365x273	道光 *	建筑与室内装修设计图。（烟雨楼）内檐上、下层装修平面图，标注装修号；似尚无天棚。
03	国图	028-6-1	400x287	道光 *	"上下天光"涵月楼底层内檐装修下层平面图，似在 028-5-1 基础上修改；楼梯有贴样；似尚无天棚；加绘月台栏杆立面示意图。
04	国图	028-6-2	370x190	道光 *	涵月楼内檐装修上层平面图，似为 028-1 上层；装修修改后同 PpXXXI-28；加注挂檐高 1.5，出 2.1。
05	清华	PpXXXI-28	305x209	道光 *	主楼平面上层装修平面图；似尚无天棚。
06	国图	033-4	322x317	道咸年间 *	"上下天光"天棚糙底尺寸查来（实测图）；信息丰富，但上檐柱高数据与其余图不同；标注邻水植物和甬路信息。
07	国图	028-4	442x343	道咸年间 *	涵月楼及天棚平面图。
08	国图	028-5-2	487x255	道咸年间 *	烟雨楼平面图（已有天棚）誊清。
09	国图	028-9-1	305x213	道咸年间 *	天棚大木立样，草图。
10	国图	028-9-2		道咸年间 *	天棚大木立样，清样，贴样改矮。
11	故宫	样 953 号		咸丰九年	上下天光楼内檐。
12	故宫	样 954 号		咸丰九年 *	上下天光楼画样。
13	故宫	样 955 号		咸丰九年 *	上下天光楼后廊西尽间添安楼梯。
14	故宫	样 956 号		咸丰九年 *	上下天光楼后廊西尽间添安楼梯。
15	国图	062-2	307x271	咸丰十年 *	同道堂、九洲清晏、慎德堂、"上下天光"天棚略节。
16	国图	033-2-1	227x100	咸丰十年 *	"上下天光"添盖天棚平面图＋天棚结构草图；天棚进深加大至 1 丈 6 尺 5 寸，与 062－2 记载相同；两侧添加。

序号	藏处	图纸号	图幅	绘制时间	图纸内容说明
17	国图	033-2-2	227x100		上下天光楼上层平面图。
18	国图	036-8	782x414	道光 *	烟雨楼月台上石栏板望柱详图。
19	国图	033-3	399x323	同治？	底图为五开间主楼平面图；贴样绘三开间外檐装修立面大样；两者似无对应关系。
20	国图	063-12	454x175	同治	将重修烫样交雷思起收存。
21	清华	PpXXXI-27	447x295	同治 *	主楼烫样照片。
22	国图	033-1-1	550x527	同治 *	主楼五开间＋周围廊；室内设仙楼。
23	国图	033-1-2		同治 *	主楼五开间＋周围廊；与烫样相似。
24	清华	PpXXXI-51		同治 *	主楼烫样照片。

无 * 的时间为原图标注。

标 * 的时间为根据图绘信息进行的推测。

2. 分期研究

将以上史料结合考古发掘出的遗址情况来看，本景区景观面貌大致呈现过四个变化较大的阶段，并在同治重修期间又设计过一轮不同的方案（未实施）。反映了不同帝王的园林审美情趣和使用功能需求等变化：

● 四十景阶段（康熙朝晚期至乾隆初年）

根据彩绘绢本《上下天光》图来看，当时临湖楼阁分为上、下两层，下层中部面阔3间，一明两暗，四周敞廊廊宽与次间相近，外观更像5开间共同支起了二层平台。二层平台正中又设一层台基，台基上为一座3开间带周围廊（普通廊宽）的歇山敞厅。一层南面挑出5间月台入水，月台前设木码头[14]；月台东西两侧设非对称布置的曲桥蜿蜒展开，西桥向南凌波曲折而行，中建三间桥亭；东桥东北折行回至本岛南岸，中部建六方形桥亭；桥口北建3间敞厅。岛内山体呈指状盘亘其中，仅在西南留有一狭窄山口。数座小屋点缀谷间，以曲折院墙衔接成组，屋畔栽花种竹，景致十分清幽。

因为临水主楼建筑开敞通透，因此乾隆九年（1744）御制诗中以"广亭"称之。那么，它与雍正帝多次题咏的"湖亭"是否有所关联呢？

按"湖亭"之名首见于《雍邸集》中的《湖亭观荷》一诗，为皇四子赐园时期的主要景观之一。雍正年间，本景一直沿用。雍正五年（1727）和十一年（1733）左右分别写下《雨后湖亭看月》和《立秋前二日遊湖亭》。顾名思义，"湖亭"当建于湖中，而且是康雍年间都有的湖。由于赐园时期圆明园的范围大致只有今后湖一带，因此"湖亭"无疑即位于后湖岸边。后湖岸线上仅有"上下天光"这组临水建筑，雍正诗中"馆宇清幽晓气凉，更宜澹荡对烟光。湖平水色涵天色，风过荷香带叶香。戏泳金鳞依密荇，低飞银练贴芳塘。兰桡折取怜双蒂，殊胜陈隋巧样妆。"（《湖亭观荷》）"鄙听秦声却楚优。每于山水暂淹留。翠含宿雨千竿竹。高出层云百尺楼。湖影远浮随棹月。柳塘

[14] 《和珅等奏销算西峰秀色等处园工银两摺（附清单）》："上下天光楼前面拆修临河月台一座五间，木码头一座。"见《清代档案史料——圆明园》：380-383。

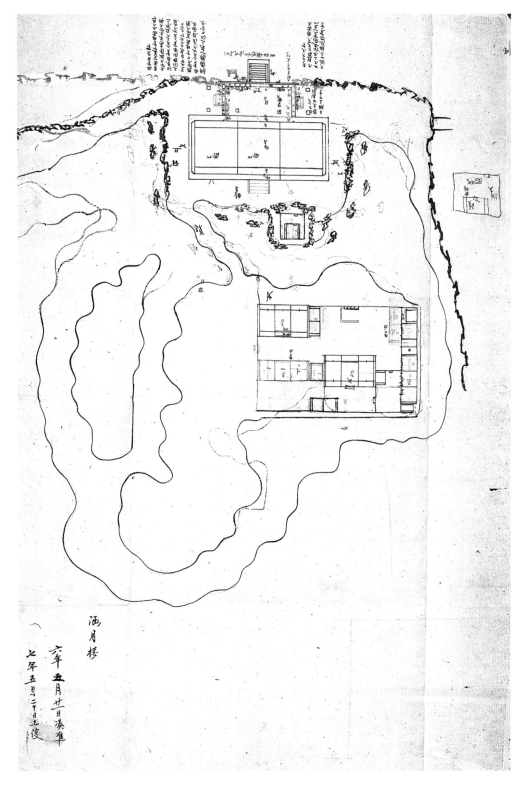

图 7 样 028-5-1

斜系钓鱼舟。坐深暑退凡情爽。一片清光入镜流。"（《雨后湖亭看月》）"放情幽兴付渔蓑。潇洒林亭乐太和。每踏芳丛寻古句。闲乘小艇泛清波。烟凝翠黛山疑雾。风飐斜纹水似罗。深砌蛩鸣残暑退。高梧蝉噪晚凉多。炎云渐敛秋将近。霁景才看夏欲过。静听菱歌音韵好。何须箫鼓济汾河。"[15]（《立秋前二日遊湖亭》）的描写与"上下天光"的意境也很吻合，唯一缺憾是《"上下天光"》写景图中表现的是春景，因此湖中并未绘制荷花。但由雍正帝《沿湖游览至菜圃作》诗中"一行白鹭引身行。十亩红蕖解笑迎。迭涧湍流清俗念。平湖烟景动闲情。"的记载，可以肯定当时后湖西北一带是种植了不少荷花的。因此"湖亭"应即"上下天光"的前身，至乾隆年间方御题名为"上下天光"。

山间的平安院一区，虽然建筑看来并不起眼，但也是皇帝停留休息之所，安设有宝座等。雍正十三年（1735）三月，还为平安院宝座上添安银耳挖。[16]

● 两侧对称六角亭阶段（乾隆中期）

这一时期景观面貌的变化主要在楼前曲桥部分。至迟到乾隆三十五年（1770）之前，上下天光楼东、西两侧的曲桥已被改建为完全对称的形式，形成水中双六角亭拱卫主楼的格局。[17]故其后成书的《日下旧闻考》称"慈云普护之西临湖有楼，上下各三楹，为上下天光。左右各有六方亭，后为平安院。……右六方亭额日饮和，及平安院额皆世宗御书。左六方亭额日奇赏，皇上御书"。[18]双侧六角亭的格局也在样1704、样43-1、样43-3、样1370等图中清晰地反映了出来。其中"饮和"匾为雍正四年（1726）御题[19]，由于建筑物悬挂的匾额有过移挂它处的实例，因此虽然西六角亭名为"饮和"，但其前身的三间桥亭是否也用此名尚难以断定。因为取消了西侧直接通往杏花春馆岛的曲桥，只能在两岛之间的河湾内新架一座木板桥来解决通行问题。

另外根据档案记载，乾隆四十三年（1778），黏修、"上下天光"等处桥梁、捞堆坍塌山石泊岸，勾抿油灰。[20]乾隆四十六年（1781）、

[15]（清）世宗宪皇帝御制文集·见：文渊阁四库全书（电子版）。

[16] 雍正十三年三月初十日（撒花作）档案：据圆明园来帖内称，首领太监窦泰来说，总管太监王进玉传：平安院宝座上安银耳挖二枝。记此。于本日将备用银耳挖二枝交首领太监窦太持去讫。"见：《清代档案史料——圆明园》：1240。

[17]《总管内务府奏上下天光六方亭亭柱歪扭议处管工官员折》："（乾隆三十五年七月初九日）上下天光两边六方亭湾转桥栏杆实属歪扭，……六方亭柱子歪扭寸余，……"见：《清代档案史料——圆明园》：144-145。

[18]《日下旧闻考·卷八十》：1339-1340。

[19] 雍正四年赐出：杏花春馆、杏花村、饮和、叙天伦之乐事、桃花春一溪、天然图画、竹深荷静、静知春事佳等匾文命造匾，于五年做得挂讫。见：中国第一历史档案馆编.清代档案史料——圆明园：1176。

[20]《和珅等奏销算春雨轩赏趣殿等处园工银两（附清单）》，见：《清代档案史料——圆明园》：240-242。

五十九年（1794），修缮了平安院。[21] 乾隆五十五年（1790）、五十八年（1793），对上下天光楼前木码头和五间临河月台进行过修缮。[22]

● 涵月楼阶段（道光初期）

道光初年，"上下天光"景区进行了较大的改建：主楼改建为三间，并以涵月楼称之。山后分散的值房也改建为一座规整的矩形院落。

根据样 028-5-1 图上标注的"涵月楼，六年五月二十一日奏准，七年五月二十日工竣"，和道光七、八年间涵月楼内频繁的活动来看，这一改建应发生在道光六、七年之际。由于本图中又书写了"烟雨楼一座三间，下言各面宽二丈七尺，前后廊各深四尺；下言柱高一丈四尺，径一尺二寸；台高二尺六寸。上言三间，明间面宽二丈七尺，二次间各面宽二丈三尺，进深二丈四尺，周围廊各深四尺，挂言高一尺五寸，言柱高九尺五寸，挂言出二尺一寸"等字样，数据与建筑平面上所标注的完全吻合，由此可知此烟雨楼即涵月楼。从道光中晚期记录的《圆明园匾额略节》来看，并无"烟雨楼"之匾，"涵月楼"也只是内檐匾额，建筑外檐悬挂的仍然是"上下天光"。[23] 但"烟雨楼"的标注也同见于样 028-5-3，大概烟雨楼为过程中的曾用名。图中在楼前月台上用朱笔绘制了天棚柱础位置，标记天棚尺寸的文字字迹与主楼信息文字相同，但与图名"涵月楼，六年五月二十一日奏准，七年五月二十日工竣"字迹明显不同，表明楼前天棚为后来才添加的。

涵月楼后横亘一带土山，偏东部堆叠山石。山石间建有一座单间小房（根据样 033-3 图上标注，可知其实为一座"小庙"）。山后值房院涂改痕迹较多。通过对层叠信息的辨识可以知道，两座 3 开间带前后廊的值房建成较早；其后添建（朱线绘制）西侧 3 间顺山房及西、南两面院墙和转角屏门，将原来的错落分散的房屋组合为规整的院落；再后又添改了（白粉上墨线绘制）东侧值房和部分装修等。最后完成的格局与样 1203 相似，但并不完全相同。

图 8 样（右图）028-5-3
图 9 样（右图）028-6-1

[21]《额尔锦为查覆园内殿宇楼台等工程银两呈稿》《和珅等奏销算春雨轩等处园工银两折（附清单）》，见：《清代档案史料——圆明园》：251-253；393-404。

[22]《和珅等奏销算安佑宫等处园工银两折（附清单）》《和珅等奏销算西峰秀色等处园工银两摺（附清单）》，见：《清代档案史料——圆明园》：314-324，380-389。

[23] 道光十六年至二十九年间《圆明园匾额略节》："上下天光（外檐），清华朗润（内檐），养源书屋（内檐），安详澹静（内檐），冷然善也（内檐），有真赏在（内檐），鉴空明（内檐），涵月楼（内檐）"。见《圆明园·第 2 辑》：47。

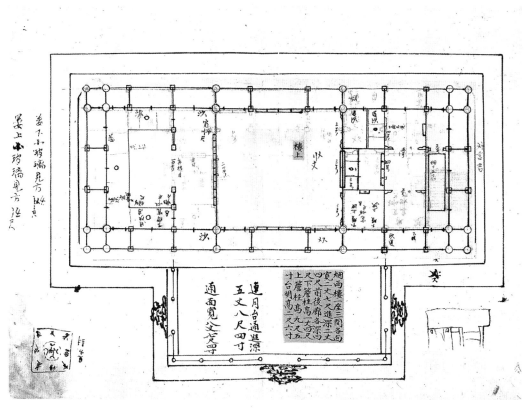

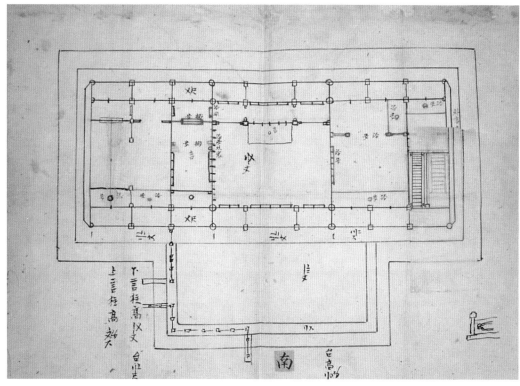

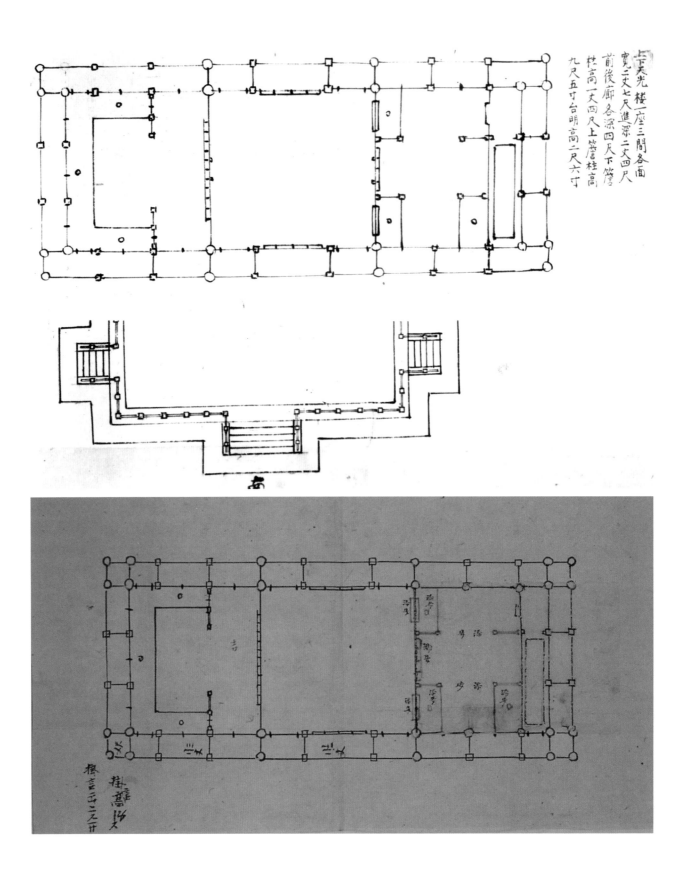

上下天光　楼一座三间各面
宽二丈七尺进深二丈四尺
前後廊各深四尺上簷下簷
柱高一丈四尺上簷柱高
九尺五寸台明高二尺六寸

● 涵月楼加天棚阶段（咸丰时期）

咸丰年间的档册及图纸上，此景均标注为"上下天光"而非"涵月楼"，表明其已恢复旧称。这一时期主体建筑变动不大，但楼前添搭了一座天棚，使景观面貌还是发生了较大的改变。

样033-4图《上下天光天棚糙底尺寸查来》、样028-4和样028-5-2、样028-9-1和样028-9-2，分别反映了添盖天棚前的实地勘测详情，增加天棚后的平面、正立面图、侧立面图底样。[24]但天棚增建的具体时间并不好确定，只能大致推测为道光朝晚期或咸丰朝早期。咸丰十年（1860）二月，下旨为"上下天光天棚加进深，换柁板拉"[25]。查样033-2-1、样062-2所记录的天棚尺寸，面阔与前述样028-9-2等图注尺寸相同，唯独进深增加了1尺5寸，柱高减少了6寸，挑檐尺寸也与样028-9-1、样028-9-2两图不同。反映的应即这一过程。

根据样028-5-3、样028-6-1、样028-6-2、PpXXXI-28号、样953号（咸丰九年[1859]十一月二十三日查对）等图中墨笔、朱笔所表示的信息，可以看到上下天光楼室内装修从改造前（样028-5-3）、改造方案（样028-6-1、样028-6-2）、改造完成（样953号、PpXXXI-28号）的全过程。同时，根据与样953号同期绘制的样955、956号图纸，和样式雷家存《旨意档》的相互印证，可知咸丰九年十一月末在上下天光楼西北角（后廊西尽间内）添安楼梯。[26]

图10（左图）样028-6-2与原中国营造学社黑白胶片PpXXXI-28号对比

图11 样028-5-2

[24] 以上各图上标注的主楼和天棚尺寸数据均与样028-5-1图上标注相同。

[25]《咸丰十年旨意档》："（咸丰十年二月二十一日）王总管传旨，上下天光天棚加进深，换柁板拉，西面安趄廓，南面安夹布帐三架，俱照样式尺寸成做。"见《清代档案史料——圆明园》：1068。

[26]《咸丰九年旨意档》："（咸丰九年十一月二十九日）王总管传旨，上下天光北面楼下西北角，照样式尺寸式样添安楼梯。"见《清代档案史料——圆明园》：1067。

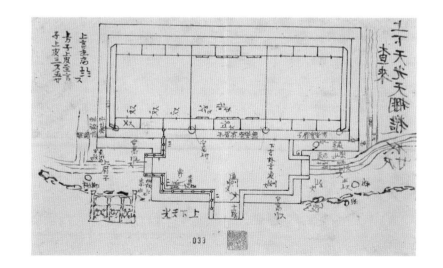

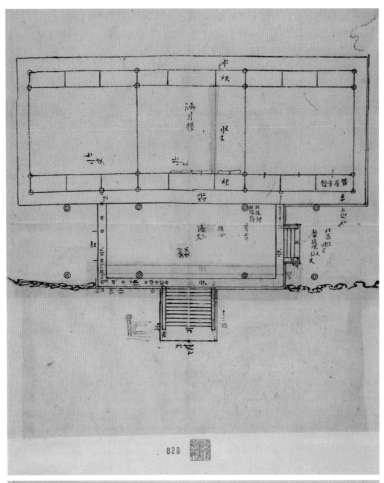

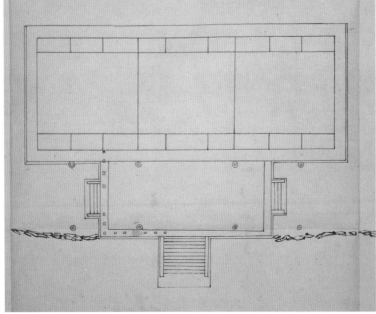

图 12 样 033-4

图 13 样 028-4

图 14 样（右图）033-2-1

图 15 样（右图）062-2

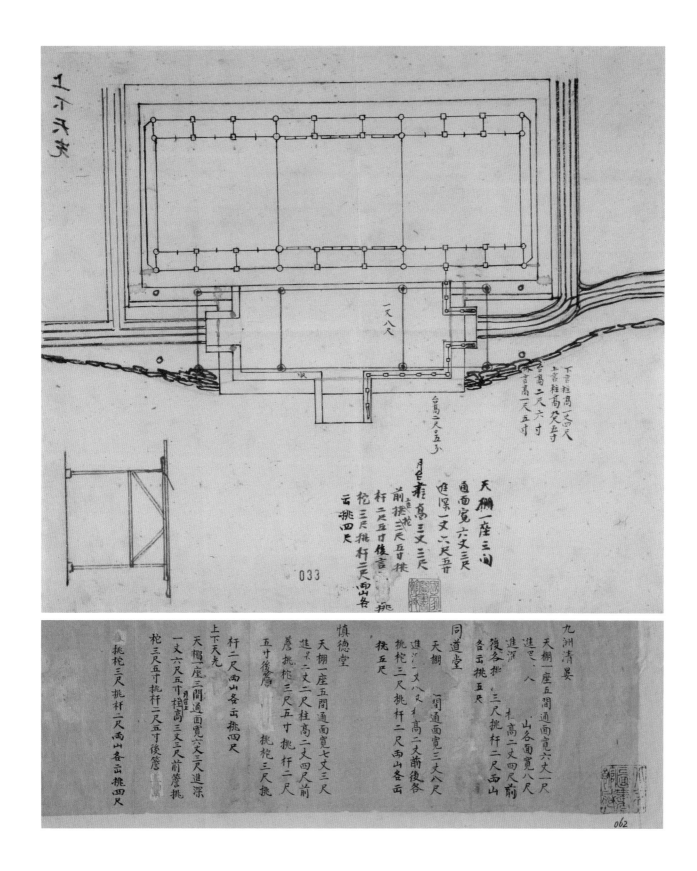

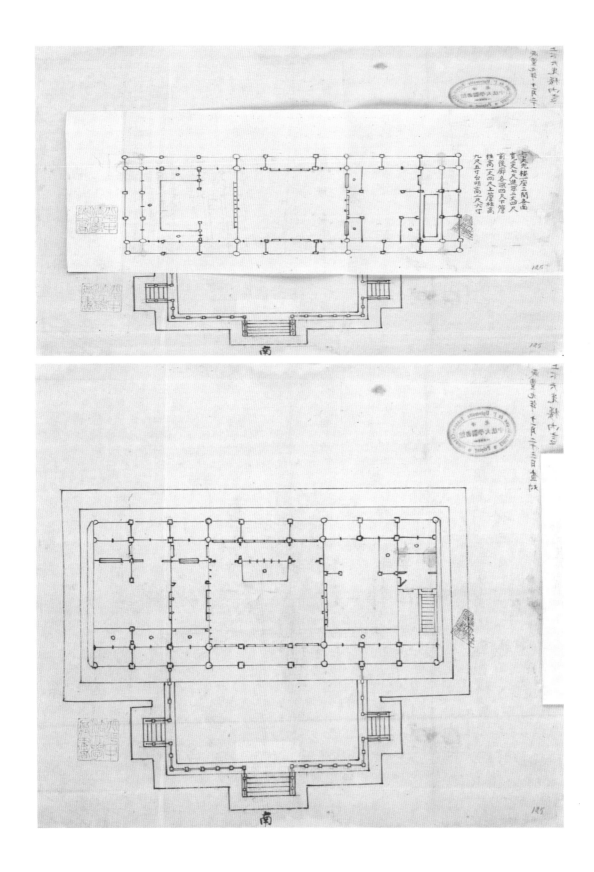

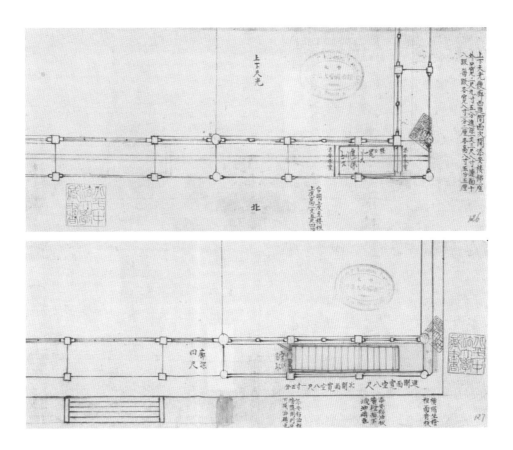

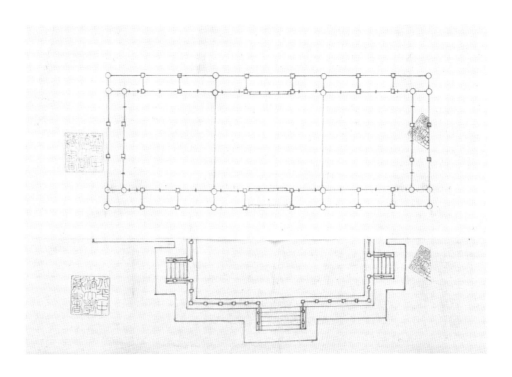

图 16 （左图）样 953
图 17 样 955 和样 956
图 18 样 954

● 同治重修方案

根据相关奏折和雷氏《旨意档》中的记载：同治十二年十一月二十一日，上下天光楼完成了首轮设计模型。[27] 次日模型进呈后，皇帝命将上下天光楼改为5开间，上下周围廊的形式；并命使用南海春耦斋楼梯样式。随后两天，雷思起等根据皇帝旨意，参考春耦斋、乐寿堂等处，设计"上下天光"室内仙楼，另做模型呈览。[28] 二十九日，开始计算"上下天光"室内装修所需木料。[29] 十二月初七日，雷思起完成一稿"上下天光"室内装修方案。[30] 十二日，再次修改"上下天光"方案。[31] 十三年正月十一日，"上下天光"方案才最终确定。[32] 圆明园重修工程停工后，"上下天光"等烫样均交雷思起收存（样062-14）。

现存的图纸、上下天光楼烫样（模型）照片，为我们展示了当时的两个不同方案（均为五开间带周围廊的2层楼阁，但建筑尺寸有较大差别）：

方案一：样033-1-1。图中上下天光楼为五开间带周围廊样式，明间为一丈三尺五寸，四次间均为一丈三尺；月台面宽四丈六尺五寸，与原月台尺寸基本相同；室内装修前部设仙楼、两侧后部设对称楼梯的格局，与雷氏《旨意档》记载的"上下天光"室内改造要求相同。

方案二：烫样和样033-1-2。从烫样屋面贴签上字迹依稀可辨为"上下天光楼一座五间，明间面宽一丈四，次间各面宽九尺，进深二丈四尺五寸，周围廊各深四尺，通柱高二丈四尺，台明高二尺五寸，下出三尺二寸。"与样033-3底图上方标注文字一致（似均脱漏了一个尺字），与样033-1-2平面各间比例一致；而且模型的明间面宽约为次间面宽的1.5倍，廊宽的3倍有余，与1丈4尺、9尺、4尺的关系相符。建筑外檐，楼下使用横楣坐凳，楼下明间为6扇槅扇门，次间均为支摘窗，门窗均无亮子。楼上使用横楣；荷叶净瓶式寻杖栏杆；明间为6扇槅扇门，次间均为4扇槅扇窗，似乎使用了亮子。门窗花心为步步锦纹；横楣和栏杆、坐凳，均在明次间内分3樘，廊内1樘。二楼出挂檐，挂檐板上雕刻如意云纹。烫样显示楼前月

[27] 《雷氏旨意档》："（同治十二年十一月）二十一日，召见明、贵，明奏行宫四处二十二日随中路宫门各样、上下天光进呈。……二十二日，进呈圆明园大宫门、……上下天光楼等烫样大小六块，计二箱，并西路行宫四处画样。奉旨：留中。……召见明、贵，……上天光楼改五间，上下檐俱周围廊。……旨：二十三日着明、贵带领雷思起至宁寿宫，看各殿装修木工丈量，并查南海春耦斋楼梯样式，安在上下天光楼上。"见《清代档案史料——圆明园》：1124-1125。

[28] 《雷氏堂谕司谕档》："（同治十二年十一月）二十三日，午刻随同明、贵至宁寿宫、乐寿堂查勘仙楼式样，丈量尺寸，拟在上下天光楼上安。"见：《清代档案史料——圆明园》：1075。《雷氏旨意档》："二十四日，旨：春耦斋、乐寿堂二处原有仙楼著烫样，上下天光著外边拟仙楼，楼梯要藏不露明，烫样呈览。"见《清代档案史料——圆明园》：1129。

[29] 《雷氏堂谕司谕档》："（同治十二年十一月）二十九日，贵大人遵旨：上下天光、课农轩、紫碧山房、春耦斋、双鹤斋、乐寿堂、春雨轩，算各装修应用红木、紫檀、花梨板数。"见《清代档案史料——圆明园》1077。

[30] 《雷氏堂谕司谕档》："（同治十二年十二月）初七日，……，上下天光楼拟妥，"见《清代档案史料——圆明园》：1078。

[31] 《雷氏堂谕司谕档》："（同治十二年十二月）十二日晚，上下天光楼改撤一层，进深满亮楼面、后廊。"见：《清代档案史料——圆明园》：1079。

[32] 《雷氏旨意档》"（十三年三月）十一日，召见崇、魁、春、诚、贵。当日交下……，上下天光楼，思顺堂前后殿烫样；……贵传旨：将烫样一切样子俱加大做八达马地盘托，大房座做木头的加大，小房座等俱按烫样。"见《清代档案史料——圆明园》：1141。

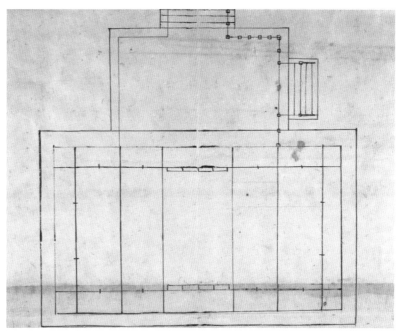

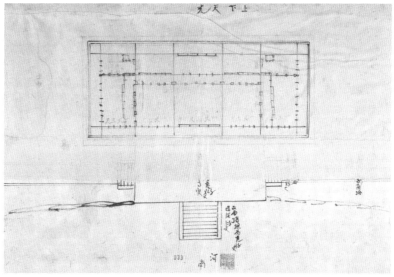

图 19 样 033-1-2
图 20 样 033-1-1

[33]《同治重修圆明园史料》。

台仅占据明 3 间，宽不过 3 丈余，与焚毁前月台宽 4 丈 8 尺相差很大；月台栏杆采用荷叶净瓶式寻杖栏杆式样，也不同于焚毁前使用的素栏板式样，表明设计中并未完全沿用旧月台，刘敦桢先生当年认为同治设计时"拟沿用旧时台阶也"的推断不准确。[33] 虽然由于重修工程未实施完成，实际上仍保留了道光朝月台。从模型中可以看到，月台栏杆在平台和台阶转接处依然没有分扇，通过地栿来调整两侧的高差转折。

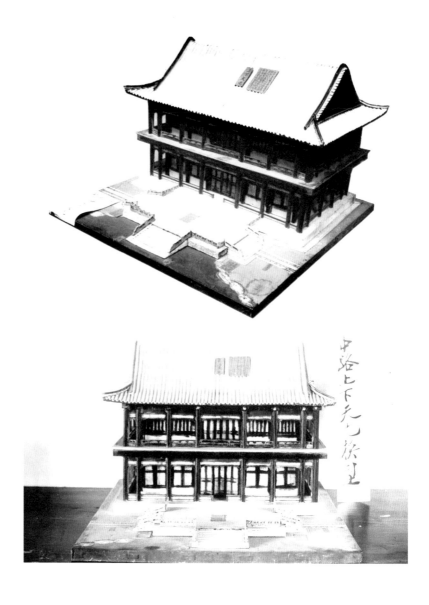

在推测为光绪年间的《圆明园工程料估清册》中，还记录过一座不同尺寸的上下天光楼：内明间面阔一丈五尺四，次进间各面阔一丈四尺，进深二丈四尺，两山各显三间，各面阔八尺，外周围廊各深五尺，楼柱通高二丈四尺，径一尺二寸，八檩卷棚歇山。台基面阔八丈七尺四寸，进深四丈四寸，明高二尺六寸。前月台一座，面阔四丈七尺，进深二丈，明高二尺，迎面连面十二级马头一座，两山连面五级踏跺二座，如意象眼等石，周围地伏柱子栏板抱鼓。上下层共使用横楣四十八扇，坐凳栏杆二十六扇，琵琶栏杆二十四扇。全内五抹槅扇四槽，支摘窗二十八槽，单横披三十二槽，帘架四座，槛墙板十四槽。内里楼梯一座，随扶手栏杆，护槛墙壁子十四槽，安木顶隔。……[34]

第三章

遗存 调查

清末，圆明园遗址逐渐疏于管理。民国期间，园内遗存陆续被拉运他处，园林终致荒芜。从 1933、1955、1965、1996、2002、2008年等不同时期的圆明园遗址实测平面图来看，"上下天光"景区的岛形和后部山体形状都较为清晰，主楼台基部分也因凸出地表而大致可辨。

2004 年，为配合圆明园西部遗址第一期整治工程，北京市文物研究所圆明园考古队先后对"上下天光"景区进行了考古勘察和局部发掘清理工作。首次较为完整地揭露了"上下天光"遗址，获得了大量一手的遗址信息。不但纠正了 1933 年图中的偏差与失实，而且填补了此图中的大量空白，如"上下天光"南部湖中的曲桥和桥涵遗迹，后部的平安院、值房，以及岛内的各处甬路遗迹等；不但首次确定了建筑基址、甬路的准确位置、尺寸、构造细节，并且揭示出清代中期、晚期建筑的叠压关系，反映了景区改建的珍贵信息。

我们对"上下天光"景区遗存的调查始于 2000 年；2004 年我们在考古工地进行现场拍摄，留下了珍贵的现场资料，除此之外，我们还对景区不同时期的测绘图、航拍影像图、遗存现状情况，以及考古工作过程记录等都进行了梳理。

目前的"上下天光"景区，遗址基本都进行了回填，仅上下天光楼月台和基址本体露明展示（使用灰砖进行修补）。

1."上下天光"景区遗址地形变化

目前常用的包含"上下天光"景区的圆明园地形测绘图纸共有六套：

（1）1933年《圆明、长春、万春三园遗址地形实测图》（以下简称1933年图），北平市政府公务局测绘，比例尺为1:2000。这份图纸用近代测绘方法勘测了保留到1933年的圆明三园的地形及尺寸，详细测录了一百余景所残存的地基。此图的优点是测绘时间较早，反映了建国前，政府未对圆明园实施管理时的状态；缺点是除没有标高外，还存在个别景点平面缺漏建筑较多、将庭院外墙基础误认为是建筑物外墙基础等问题。同时，限于测绘年代的技术条件，图中局部坐标与后几份图纸偏差较大，多处山体、河道整体偏移，甚至多达十几米，另有部分漏测。但总的来说，如果用于定性分析，1933年图中大部分内容还是准确可信的。[35]

（2）1955年"圆明园测图"（以下简称1955年图），由北京市测绘局测绘，比例尺为1:2000，1955年的测图首次增加了标高的确定，这为景区山形水系的变化分析提供了数据线索，是目前可以获得的最接近历史原状的圆明园山形高度。此版本测图按景区范围来查看，景区轮廓基本符合航拍图实体轮廓，但全园范围查看时，出现了景区间距、角度与航拍图无法匹配的问题，因此此版测图可以做小范围分析和整体定性分析。1935至1950年属于日占北京时期，圆明园遗址保护工作停顿，遗址缺乏专门管理，继续遭到破坏，1955年图反映了这一阶段后，圆明园遗址的变化情况。

（3）1965年"北京市海淀区附近地形图"（以下简称1965年图），图纸包含圆明园部分,由北京市城市规划管理局地质地形勘测处完成,比例尺1:2000。1965年图采用现代测绘方法进行测绘，数据真实可信，可据以测量面积、长度等。1951至1965年间，圆明园遗址被政府定为绿化用地，大量植树绿化对地质和部分建筑基址产生了影响，且导致部分山体变形甚至消失。因此，1965年图可以反映出1955至1965年间因大规模盲目绿化导致的地形变化。

[35] 臧春雨. 圆明园建筑与山水环境的空间尺度分析：[硕士学位论文]. 北京：清华大学建筑学院，2003：67~100。

图 23 "上下天光" 遗址时期

（4）1996年完成的"圆明园测绘图"（以下简称1996年图），比例为1:2000，范围为圆明园全园。此版图测绘内容包含山形水系、现状建筑尺寸，对遗址信息测绘不多，可用于山水变化分析和现状分析。由于80年代绮春园、长春园曾进行清理整治，所以此图可用于西部未整治前山形状况分析，以及东、西部整治前后对比分析。另外，"文革"期间圆明园的山形水系遭到很大的人为破坏，1996年图与1965年图对比，也可以了解"文革"期间，圆明园被破坏的情况。

（5）2002年完成的"圆明园测绘图"（以下简称2002年图），由北京市测绘设计研究院绘制。其优点是测绘精度较高，比例为1:500，较为准确地反映了圆明园遗址的保存现状，另外此版测图记录了土层结构信息；其主要问题是测绘范围不全，东界止于福海西岸，仅覆盖了圆明园西半部地区。此图的珍贵性在于，测绘时间早于考古勘探发掘时间，记录了考古工作进场前的圆明园地形状况。

（6）2008年"圆明园测绘图"（以下简称2008年图），由北京市测绘设计研究院绘制，比例为1:1000。此图的优点是补充了2002年测绘图中东侧缺失的部分，测绘信息全面，除现状建筑、详细标高、土层结构等信息外还记录了主要植物现状、垃圾位置等；缺点是部分西侧数据和2002年测绘数据雷同，没有反映出西侧景区2004年考古工作完成后圆明园地形的变化。

由于2008年图与2002年图本景区部分数据基本一致，故只对五份测绘图进行对比，以了解"上下天光"景区的地形变化（表2）：

表 2 "上下天光"景区地形变化——测绘图

名称	各图纸"上下天光"部分	图示状况	景区制高点标高/m
1933 年图	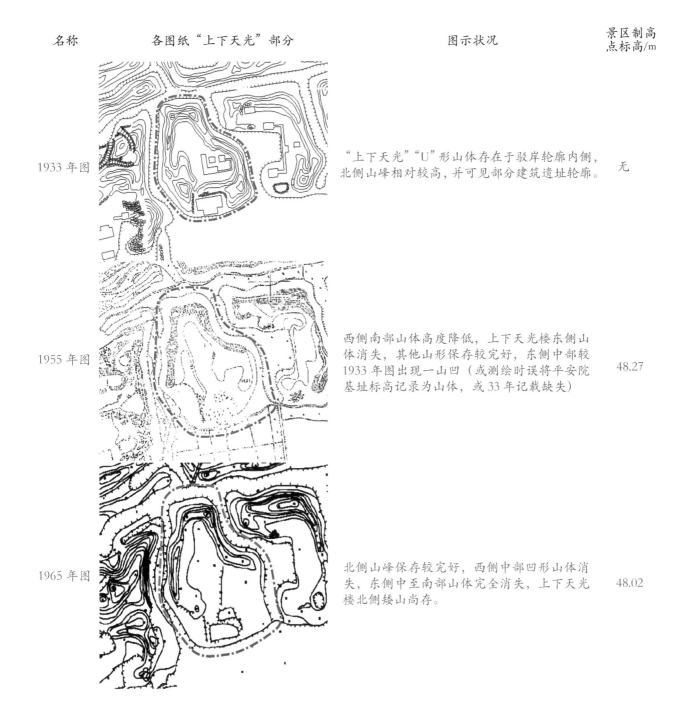	"上下天光""U"形山体存在于驳岸轮廓内侧，北侧山峰相对较高，并可见部分建筑遗址轮廓。	无
1955 年图		西侧南部山体高度降低，上下天光楼东侧山体消失，其他山形保存较完好，东侧中部较 1933 年图出现一山凹（或测绘时误将平安院基址标高记录为山体，或 33 年记载缺失）	48.27
1965 年图		北侧山峰保存较完好，西侧中部凹形山体消失，东侧中至南部山体完全消失，上下天光楼北侧矮山尚存。	48.02

名称	各图纸"上下天光"部分	图示状况	景区制高点标高/m
1996年图	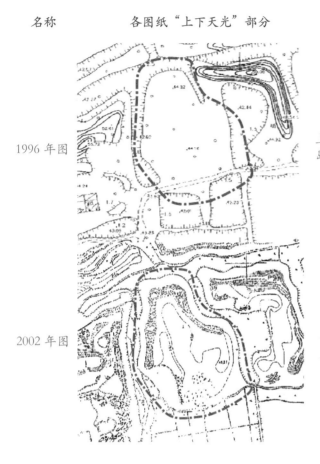	上下天光岛与慈云普护岛体南半部分相连,仅岛南北两处有标高记录。	无
2002年图		山峰南、北坡均有残缺,缺口呈陡坡,上下天光楼位置处高于周边。	47.75

　　根据以上图表可以看到,1955至2002年A点一直为景区山峰制高点,B点位于山体中部,除1955至1965年发生下降外,没有较大变化。两个选点在1955至1965十年间的变化稍大于后期,可见这十年间大量盲目植树绿化对景区的山形影响是很大的。除此之外,雨雪侵蚀、沙土沉积等自然因素也造成山体高度和山形一定程度的改变。

　　以2004年考古勘测数据中的山体标高与历年测图进行对比,发现大部分考古勘测山体标高要高于历年测图中的标高,而被定为相对高度的建筑F5散水的标高,考古勘测数值低于历年测图数值。产生数值差异的原因,有待进一步研究。

　　目前记录了圆明园的航拍图有多个版本,包含:拍摄于1999年的圆明园遥感彩色像片现状图,拍摄于2001年的圆明园三园航拍

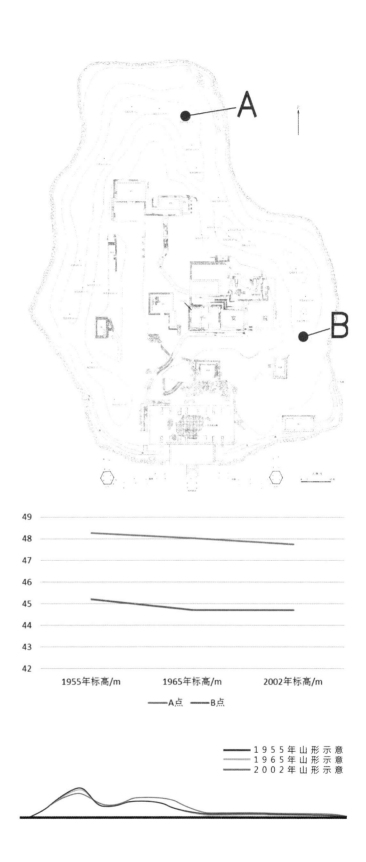

图 24 A 点、B 点位置示意

图 25 山体下降速度示意

图 26 景区东侧山体山形变化示意

图，拍摄于 2002 年的圆明园航拍图，拍摄于 2003 年的北京圆明园公园 2003 年航空影像图，拍摄于 2004 年 5 月的圆明园航拍图，拍摄于 2004 年 9 月的圆明园遗址公园彩色航空影像图，拍摄于 2009 年的圆明园航拍图，拍摄于 2012 年的圆明园遗址公园彩色航空影像图，拍摄于 2013 年圆明园高清航拍图。

这些航拍图拍摄精度不一，季节不一，有些图精度不高，或者由于夏季植物遮挡过多，不便查看现状遗址和建筑，故选择如下四份航拍图进行介绍。

（1）北京圆明园公园 2003 年航空影像图（以下简称 2003 年航拍图），由首都师范大学资源环境与 GIS 北京市重点实验室制图，出图比例为 1:3000。此图为夏季拍摄，图面显示植物茂盛，记录了 2004 年考古工作之前的圆明园。

（2）圆明园遗址公园彩色航空影像图（以下简称 2004 年航拍图），拍摄于 2004 年 9 月，北京科源大地遥感技术开发中心制作，出图比例为 1:1000，此图记录时，九州景区的考古工作已经完成，查看此图，可以了解到考古工作刚刚完成之时的景区状况。

（3）2009 年 2 月圆明园航拍图（以下简称 2009 年航拍图），拍摄精度较高，此时后湖已经引水，记录了九州景区进行初步遗址保护之后的情况。

（4）2013 年 12 月圆明园高清航拍图（以下简称 2013 年航拍图），由北京清城睿现数字科技研究院完成。使用无人机进行拍摄，航拍高度 200m，像素分辨率达 0.049m，与 2009 年航拍图相比，2013 年航拍图精度更高，且可以反映 2009 年后景区变化。

对比四份航拍图，将"上下天光"景区的变化进行如下对比（表 3）：

表3 "上下天光"景区地形变化——航拍图

名称	各图纸"上下天光"部分	图示状况
2003 年航拍图	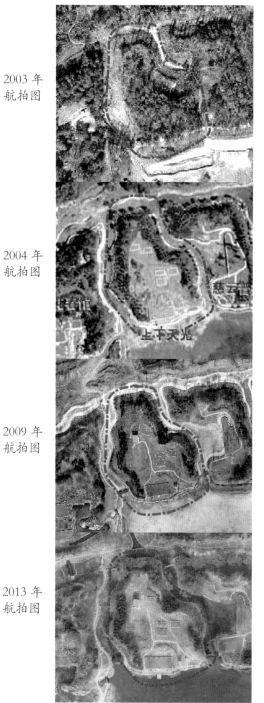	景区轮廓不十分清晰，可见与慈云普护和杏花春馆景区有土路相隔，景区内植物繁茂。
2004 年航拍图		岛型基本清晰，岛上建筑遗址已经揭露，另可见景区内植物。
2009 年航拍图		砌筑后的建筑基址轮廓可见，岛外已经引水，岛东、西、北三侧植物可见，岛内增加了简易卫生间。
2013 年航拍图		与2009年航拍图相比，景区北侧增加了两处小坝，分别与杏花春馆、慈云普护岛相连。

2004 年，考古队研究员靳枫毅老师用相机记录下了考古工作前"上下天光"景区的照片，为后人知晓考古发掘和山形水系调整前的景区状况留下了弥足珍贵的资料。

图 27 "上下天光"发掘前现状（南→北）（靳枫毅摄）

图 28 "上下天光"遗址东北河沟附近地貌（西北→东南）（靳枫毅摄）

图 29 "上下天光"遗址南部地貌（西南→东北）（靳枫毅摄）

图 30 "上下天光"遗址西北角地貌（西北→东南）（靳枫毅摄）

2．"上下天光"景区考古工作

（1）考古工作概况

2004 年，圆明园考古队在"上下天光"景区共开探方 27 个，发掘面积约 2700 平方米。先后发掘出"上下天光"大殿、大殿周边值房、平安院内值房等单体建筑基址 14 处，回廊基址 1 处，以及 8 条甬路等遗迹。

纠正、补充以及更新了 1933 年图中"上下天光"景区的错误、缺失和与目前现状不符的部分。具体情况如下：

建筑：

1933 年测图中共展示了建筑基址四座，及一回廊基址；2004 年考古工作共探明建筑基址 14 座，院落基址回廊基址各一处。

其中在景区东部的平安院区域，补充了院东南角的建筑遗迹。在平安院的外部西侧，更正了"L"型建筑基址，实际基址为一单体建筑和小段回廊。景区北侧及西侧补充勘探了五座建筑基址。"上下天光"殿北侧和东侧，补充勘探到三座建筑基址。

甬路：

补充了 1933 年测图中没有的甬路遗迹信息。共勘测到 8 条甬路基址。

桥：

补充了 1933 年图中没有的桥遗迹信息，包含景区南侧后湖中的曲桥木桩遗迹，以及连接"上下天光"景区和慈云普护景区的木桥。

山形：

景区西部的山形轮廓发生了变化，1933 年图中显示的凹形山口消失。景区东侧的山峰位置发生变化，由东侧南部移动至东侧中部。

2004 年考古勘探到的建筑遗迹，大部分保存情况较差，除房址 F11 保存一般外，其他单体均保存较差或破坏严重[36]。

[36] 北京市文物研究所《上下天光景区考古发掘报告》（未刊稿）。

表4 "上下天光"考古勘探概况（根据北京市文物研究所考古发掘报告整理）

建筑	位置描述	长	宽	探沟／探方编号	名称
"上下天光"大殿	"上下天光"遗址南部中心部位。	殿址东西长（至土衬石边缘)2.8m	南北宽12.65m	TC1、TC2、TD1、TD2、TE1、TE2。	台基（台面） 铺地砖 - 金砖地面 柱础坑 20 个 陡板石 土衬石 月台 台阶 柱础石
房址 F1（即平安院1号房)	"上下天光"遗址区中部，平安院的西南角。	房址东西长11.3m	南北宽8.35m	探方 TD5,TE5 的北半部和 TD6,TE6 的南部。	转角石 石墙基 三合土面 柱础坑 柱础石 散水 引路
房址 F2（即平安院2号房)	位于平安院东部，西邻 F3。	房址东西长11.05m	南北宽8.3m	探方 TE6,TF6 的北半部和 TE7,TF7 的南半部。	转角石 石基墙 三合土面 柱础坑 灶 炕 散水 台阶基础

建筑	位置描述	长 (m)	宽 (m)	探沟 / 探方编号	名称
房址 F3（即平安院 8 号房）	平安院西部，东邻 F2，南与 F1 相对应。	总面阔 9	进深 4.1	探方 TD6，TE6 和 TE7 内。	基槽 散水 填土芯
房址 F4（即平安院 11 号房）	平安院的北部。南靠平安院北墙。			探方 E7 内	砖墙基 三合土
房址 F5（即平安院 5 号房）	西北角，并与土山相邻。	房址东西长 11.6	南北宽 7.25，方向：北偏西 3 度	探方 TA9.TB9 的北半部和 TA10.TB10 的南部。	基槽 散水 夯土芯 台阶基础
房址 F6（即平安院 4 号房）	北部，北邻土山，西邻 F5，东部将一清代早期建筑打破。	东西面阔 5.75 房址整体东西长 7.85	进深 2.7，北宽（至前檐廊外侧散水）6.45	探方 TC9	基槽 散水 夯土芯 台阶基础
房址 F7	北部，东邻土山，西部被清代晚期建筑 F6 打破。	南北长 5.45	东西宽 2.35	探方 TD9	基槽 散水 夯土芯
房址 F8（即 1 号值房	西部，背靠土山。	南北总长 6.8	东西宽 4.25	TA5	石墙基 三合土面 抱角砖 散水 引路
房址 F9（即平安院 3 号房）	中部，东邻平安院，西靠清代晚期山形遗迹。	房址东西长 8.1	南北宽 7	探方 TC6 和 TC5 内及 TB6 和 TB5 的部分隔梁内	基槽 夯土芯 散水 台阶基础

建筑	位置描述	长 (m)	宽 (m)	探沟／探方编号	名称
回廊	F9 的东南角与东墙基继续往南延伸。	南北长 6	东西宽 2.9	同 F9	
房址 F10（即山间小房）	中南部，南、西两侧与石假山相邻，南望"上下天光"大殿，底部坐落在早期建筑遗迹上，东、北、西三面用挡山墙镶护。	面阔 4.8	进深 3.4	TC4 和 TD4 内	石墙基 填土芯 散水 挡山墙
房址 F11	平安院东南部，东、南两面与土山相邻，并用挡山墙护山。基址北部被清代晚期山形遗址覆盖。	南北面阔 6.05	进深 2.65	TG4	砖墙基 三合土面 散水基础 台阶基础
房址 F12（即歇山敞厅）	东南角，背靠土山，西望大殿殿址，南面和西面与沿湖甬路相接。	房址东西长 10.9	南北宽 5.75		散水 基槽 填土芯 磉礅 三合土芯
房址 F13	西部偏北，东北两面与清代晚期山形遗迹相邻，往西向现堆山体下延伸。			TA7、TA8	砖石墙基 柱础石 铺地砖 散水
平安院房基、（F1-F3）、甬路两条(L1-L2)	东部，北、东两面环山，院址的东北角被压在山下。			TD5、TE5、TF5、TG5、TD6、TE6、TF6、TG6、E7、F7	散水、墙基、基槽

（2）考古工作重要成果

本次考古工作除了对 1933 年测绘图进行了补充和更正外，对景区内的大部分建筑以及道桥、山形的研究工作提供了准确的数据信息。同时，此次考古工作发掘出不同时期的建筑及山体相互叠压的遗迹，这对研究景区的时期变化提供了重要的线索和依据。此外，考古工作中出土的砖石等构件为清式皇家园林构造做法等问题提供了分析依据。

● 发现了乾隆时期的楼前平台和曲桥遗迹

在景区前侧发现残存柏木桩，根据对柏木桩的排布辨认，可以确定桥桩遗迹呈现的时期为乾隆中期，即东西两侧对称布置六角亭时期。此外，在西侧六角亭偏西南部，湖中还发现了乾隆早期三间桥亭的柏木桩，这为确定曲桥以及桥亭的平面提供了确凿的依据。

对柏木桩的揭露，可以探寻到本景区两个时期的遗迹，首先最为直观的是乾隆中期的状态，为东西两侧各一六角亭；其二为乾隆早期即四十景图所绘状态，西侧为三间水榭，东侧为六角亭。

非常遗憾的是，由于对遗址的保护工作没有及时跟进，所有柏木桩在后湖的清理过程中被毁坏，此后我们仅能从考古工作的成果资料中提取柏木桩的信息而无法见到遗迹本体了。

● 发现了清代早、晚期遗址的叠压关系

a 清代早、晚期建筑叠压
F6 位置：北部，北邻土山，西邻 F5，东部将一清代早期建筑打破。
F7 位置：北部，东邻土山，西部被清代晚期建筑 F6 打破。

根据遗址叠压情况可判断，F6 与 F7 为两个时期建筑，且 F7 建造时间早于 F6，由此可得结论："上下天光"景区至少在两个时期进行过建造。

b 山体与建筑叠压
F11 位置：平安院东南部，东、南两面与土山相邻，并用挡山墙护山。基址北部被清代晚期山形遗址覆盖。

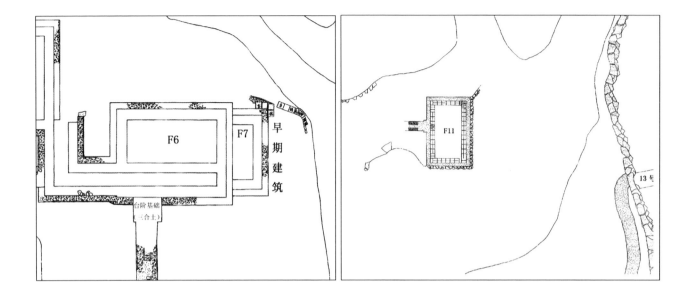

图 37 F6、F7 遗址平面

图 38 F11 遗址平面

图 39 "上下天光"曲桥遗迹

根据遗址叠压情况可判断，F11 建造早于清代晚期土山，由此可得结论："上下天光"景区山体平面布局至少在两个时期内有明显变化。

● 发现了格局较完整的道路遗址

"上下天光"遗址区内共发现 8 条甬路，虽保存不尽完整，但景区内道路格局信息基本清晰，包含建筑间相连甬路，平安院院内甬路，湖边连接"上下天光"殿与临湖敞厅以及木桥的甬路，与山体小景连接之甬路等，且可大致分辨其铺装形式，补充了史料和图档中没有记载的信息。

按照考古报告中清理解剖后的样式描述来看，比照清代甬路样式大致可分为三种类型（L8 因被山体遗迹覆盖，未做清理，类型不明）。

A 类型（一趟方砖甬路）—— L1、L2、L3、L4、L7

甬路中间用方砖铺砌，两边用大小不等的卵石铺成，卵石和方砖的两侧用立砖镶边，方砖的规格为 35×35×5cm，立砖的规格为 25×5×6cm。其中方砖约为清代官窑尺二方砖（尺二方砖 35.2×35.2×4.8cm），立砖约为清代官窑小沙滚尺寸的一半（小沙滚尺寸为 24×12×4.8cm）。

B 类型（卵石地面，又称石子地）—— L5

甬路由立砖和卵石组成，中间用卵石铺砌，外侧以立砖镶边，立砖规格 25×5×6cm。

C 类型（条砖十字缝甬路）—— L6

甬路以长方形砖横向错缝平铺，甬路两边均以立砖镶边，立砖规格 25×5×6cm。

三种甬路铺装样式均为小式作法，小式作法应用于园林中，为大式小作。符合常规清式皇家园林作法。并且一趟砖样式甬路占比例较大，全部用于与建筑相连的引路；石子地样式用于一间值房的东侧，部分被压在山下，并未勘测到与建筑相连部分；条砖十字缝甬路用于假山与一趟砖甬路之间，且此处十字缝铺砌并不规整，推测此段甬路等级较低。可见，稍显正式的一趟砖铺装分布较多，且用于建筑引路，其他样式则用于建筑周边或假山附近，显示了圆明园甬路铺装的一些规律。

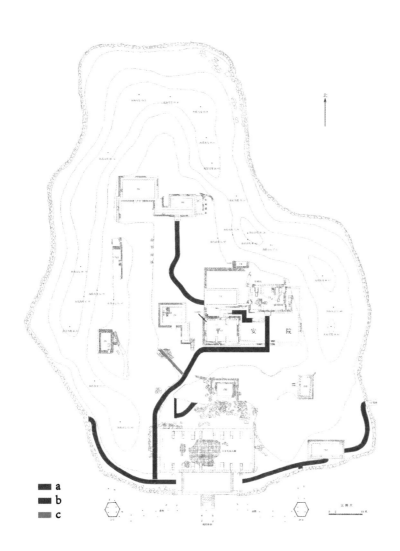

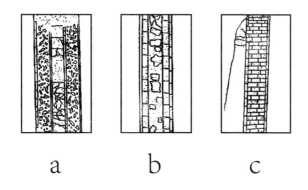

a b c

图 40 甬路遗址分布

图 41 各类型细部

●砖构件

除上述甬路用砖外，考古工作中还出土了其他不同尺寸的砖构件（表5）。

表5 "上下天光"砖构件尺寸类型及出土处情况

用途	尺寸(cm)	类型	出土处
铺地砖	55×55×5	约为清代官窑尺七方砖	"上下天光"大殿室内
	34×34×5	约为清代官窑常行尺二方砖	F13（约为室内铺砖）
	25×12×5	约为清代官窑小沙滚	F13（约为墙基用砖）
	32×22×5	未发现与之规格相近清代官窑用砖	F2、F13（约为散水铺砖）
墙用砖	25×12×5	约为清代官窑小沙滚	F1、F8
	25×12.5×5	约为清代官窑小沙滚	F13
	25×12.5×6	约为清代官窑小沙滚	F4
	26×13×6	约为清代官窑大沙滚	F10
	26×15×5	约为清代官窑大沙滚	F1
	45×22×11	约为清代官窑大城砖	F11
	45×25×5	约为清代官窑尺四方砖的一半	F10
散水镶边用砖	25×6×5	约为清代官窑小沙滚的一半	F1、F5、F6、F10、F13
灶体用砖	25×12×4.5	约为清代官窑小沙滚	F9
	25×12×5	约为清代官窑小沙滚	F2
	39×13×6	约为清代官窑尺二方砖的三分之一	F9
抱角砖	45×22×10.5	约为清代官窑大城砖	F8
挡山墙	25×12×5	约为清代官窑小沙滚	F10

注：

清代官窑尺七方砖：54.4×54.4×8cm；清代官窑常行尺二方砖：35.2×35.2×4.8cm；清代官窑尺四方砖：44.8×44.8×6.4cm；清代官窑小沙滚：24×12×4.8cm；清代官窑大沙滚：28.2×14.4×6.4cm 或 30.4×15×6.4cm；清代官窑大城砖：46.4×23.4×11.2cm。

据上表可获悉，"上下天光"大殿铺地砖与普通值房 F13 相比，用砖规格要高，所铺地砖用至尺七方砖。墙砖尺寸共有四种，出现最多的是小沙滚和大沙滚，另外还用到大城砖和加工过的尺二方砖；小沙滚和大沙滚的常规用途是随其他砖背里、糙砖面，因此可分析，景区内一般值房的用料规格较低，并非因皇家园林而大肆铺张。

考古工作对"上下天光"景区砖石尺寸的确定还为圆明园其他景区的砖石构造用法等问题提供了参考依据。

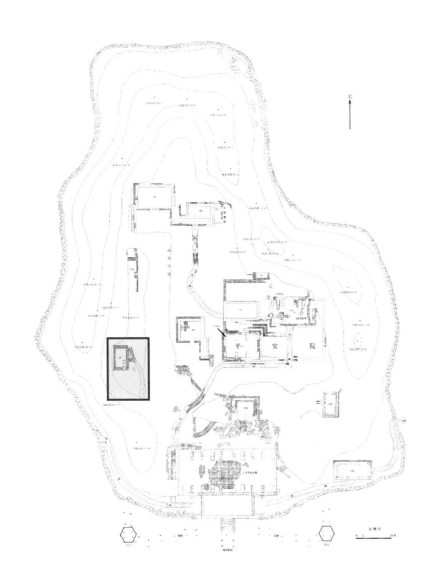

图 42 F8 及排水管道位置示意

● 出土建筑构件用料分析

"上下天光"大殿出土最长陡板石长度达 3m，可见其作为皇家园林的主要景观建筑，规格等级是很高的。

景区出土砖料有一小部分无法找到相对应的清式官窑规格或专用于圆明园的用料规格，尤其景区内大部分值房建筑的散水镶边立砖全部为小沙滚尺寸的一半，常规来说，散水的镶边砖不应该使用需要加工的砖，猜想也许当时有未曾记录过的专用于立砖规格的用料，而非以小沙滚加工而成。

景区内建筑除"上下天光"大殿外的墙基有残存的共七座，其中仅一座 F11 为砖墙基，其余均为精工料实的石墙基。F11 在各时期样式房图档中未见记载，且其基址被清代晚期山形遗址覆盖。分析，F11 可能为一等级较低的临时性建筑，因此用料等级较差于其他。据此猜测，是否园中其他景区也有同 F11 一样或更低等级的建筑，没有被样式房等档案记载，需待考古发掘之时才能被发现，而这一类型建筑的功能也有待进一步考证。

● 排水设施

位于遗址西侧中部，与 F8 相连接的回廊的东南角处，发掘出有下水道的排水设施。

"南北走向，用形状不甚规则的石条或石板作盖板，下水道南北残长 3.45m，宽 1.1m 左右。最北部有一块近长方形的盖板。盖板中部偏东有一圆形槽，直径 46cm，深 0.5cm，凹槽中部有一排水口，圆形，直径 18cm，排水口距地平深 10cm，下水道残留部分往北已到头。残留部分往南应继续延伸。" [37]

根据考古报告可知：景区内排水形式为有组织排水，并非自由排水，且排水管道较宽，达 1.1m；排水方向为由北向南；建筑 F8 位于景区西侧中部，背靠土山，坐西朝东，建筑基址为长方形。F8 周边没有邻近的建筑，分析 F8 或许为一功能性用房，承担浣洗等功能，且与其他建筑相隔较远，需要单独设置排水设施。

[37] 北京市文物研究所《上下天光景区考古发掘报告》（未刊稿）

新建卫生间

平安院一组建筑基址采用覆土回填，重砌台帮，表面植草的方式，以界定基址位置。

新建设备房

上下天光楼一组经过人工整理，重启砌金刚墙，缺失部分以灰砖补砌，台上设金属护栏；月台灰砖铺地，遗址以咸丰时期为参照，未复建早期曲桥。

上下天光月台及台基归安现状 ❶

月台台阶金属护栏 ❷

台基归安整理，残缺处用灰砖补砌 ❸

月台重铺的灰砖地面 ❹

归安基础台基，表面植草 ❺

封土基址 ❻

上下天光楼的设备用房 ❼

部分散置顶石构件 ❽

图 43 "上下天光"遗址现状分析

● 山形

遗址范围内共发现山三座，其中两座形成时期为清代晚期。

土山一座分布于遗址的东、北、西三面，形状呈"⌒"形。详细勘探到山体与驳岸及邻近建筑的距离，以及山体宽度、高度。

于遗址西部和遗址东南部分别勘探到山形两座。其中西部山体将两建筑单体基址包围在内，将三条甬路遗迹压在山下。东南部山体下压一座建筑基址与两条甬路遗迹，且山体上部坐落有一建筑基址。根据以上信息可知，西部山体形成之时晚于其下甬路的铺砌时间，东南部山体形成的时间应该在山体下压建筑与其上坐落建筑建造时间之间。由此可知，此景的山形及建筑至少在三个时空单元发生过变化。

3."上下天光"景区遗址现状

● 遗址保护工作历程

上下天光景区现已经过整理对外开放，技术人员对后部值房院等进行了回填保护和地面标示。为展示遗址，根据考古发掘出土的建筑基址分布情况，部分建筑基址采用砖石灰浆垒砌出建筑基址外围轮廓，垒砌高度约 30 ～ 50cm，中部覆土后种植浅根系植物铺装，包含上下天光楼基址及平安院三座建筑基址。

● 遗址保护展示现状

归安补砌台基与植草标示基址两种处理办法在一定程度上达到了对遗址保护与展示的作用。但归安金刚墙并补砌灰砖使得遗址面貌凌乱无序，降低了遗址的可看性，整个遗址未能直接传达原建筑意向，展示效果平淡；且现状仍有一些建筑石构件散落放置，未能全部妥善保存，于保护和展示上还有待改进。

（1）发掘出土的建筑构件散落于标示展示的遗址周边，没有采取任何保护措施，容易出现丢失、腐蚀破坏等问题。

表 6 2004-2014 年"上下天光"景区变化

时间	调研照片	状态描述
2004 年		可以看到"上下天光"曲桥木桩尚存,以及部分柱础石。
2008 年		景区已经初步完成清理工作,并对遗址进行了补砌,此时补砌的台基已经出现了返碱等现象。
2009 年		后湖已经引水。后湖湖面重现,上下天光楼却不见旧时模样。
2012 年		游客参观"上下天光"遗址,补砌的台基返碱现象没有进行处理。
2014 年		"上下天光"景区建筑遗址附近,可以看到遗存构件依旧没有保护措施,返碱仍在。

（2）表面采用植物铺装的建筑基址，容易因为浇灌植物而遭受水源浸泡，进而出现酥粉、开裂、坍塌等病害。

（3）发掘出土的水中木桩等未采取任何保护措施，在标示展示施工过程中遭到了破坏。

（4）现状补砌砖类型、尺寸与历史原状不符，容易给游人造成错误导向。

（5）岛上新建卫生间一座，设备用房一座，位置与形式与历史风貌无关。

（6）铁栏杆等现状设施，与园林风格不符，降低了景区的观赏性。

4．"上下天光"景区现场勘查

从"上下天光"景区考古工作启动之时，我们对该景区现场的调查研究工作已经开始。现场调研不是个一劳永逸的工作，而是要随着现场的变化而不断跟进，深入了解景区的变化从而有的放矢地进行遗址的文物保护设计。

（1）2004 ～ 2014 年"上下天光"景区变化（表6）

根据近年来对景区的调研照片，可以对比得出，从 2004 年考古工作开始，"上下天光"景区先后经历了考古勘探发掘、遗址清理补砌、后湖引水、对外开放等变化。然而在这一过程中，现场散落构件的保护和管理工作并未十分到位，部分柱础石等构件杂乱散落在基址周边，没有进行任何保护措施。

（2）调研测绘手稿及照片

在考古勘探和发掘工作完成之后，我们对现场遗存遗迹进行了多次测绘。精细的测绘数据对考古成果进行了补充，对景区的研究

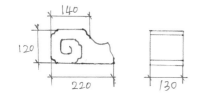

图 44 测绘工作照
图 45 望柱柱头测绘
图 46 龟背头测绘

提供了重要线索，同时也为后人提供了调研测绘时刻景区状态的珍贵记录。

测绘工作按照总平面－单体建筑－构件的层级逐层展开，详细记录了所见范围内的场地大小，各单体建筑的开间、进深，遗存栏板、阶条石、垂带等构件的具体尺寸，测绘工作为景区的研究以及数据的保存提供了重要的信息。

全部遗存构件信息表见附录7。

第四章

复原设计

图 47 "上下天光"各期复原鸟瞰图对比（乾隆初期、乾隆中期）

图 48 "上下天光"各期复原鸟瞰图对比(道光中前期、咸丰时期)

根据以上分析，我们完成了"乾隆初期——乾隆中期——道光中前期——咸丰时期——考古遗址"5个时空单元的复原设计和三维再现。

1 景区总平面复原设计

道光、咸丰两朝总平面的复原相对简单，上下天光楼遗址实测尺寸与样式房图记载一致，与同治年间清理的台基遗址尺寸也相符，[38] 该建筑的定位和平面细部尺寸都没有什么疑问。楼后小庙（考古编号房址 F10）的位置也可确定，但台基遗址实测面阔 4.8m（合 1 丈 5 尺），进深 3.4m（约合 1 丈 06 寸），进深若减除柱础石、阶条石的合理宽度后，与样 028-5-1 图记载的 8 尺 5 寸可算吻合，面阔却与图上标注的建筑面宽 8 尺偏差较大，但与小院面宽 1 丈 5 尺相等。由于样 028-5-1 图上本处有明显涂改痕迹，遗址也发现早晚期叠压的迹象，因此推测本处进行过改建，故完成了两版不同平面。山后平安院发掘出的房基布局与样 028-5-1 所示大体吻合，但与样 1203 略有差异。考虑到本组建筑有前后改建的可能性，所以对主要建筑（考古编号房址 F1、F2 和 F3）定位后，分别依照样 028-5-1 和样 1203 补足了其余附属建筑。

考古报告显示房址 F1 和 F2 建成时间较早，院墙系在这两座建筑墙体外添接的。与样 1704 和彩绘绢本图比对后，可知 F1、F2、F9 在乾隆中期以游廊相连，曲尺形展开；F2 东侧还带有一间耳房。乾隆初期格局与之类似，但 F9 处是一座 3 开间房屋。另，西北山凹内的房址 F5、F6、F13、F8 等与样 1704 图示格局相符，F6 与 F7 的相叠关系反映了乾隆初期与中期的改建。但是遗址与以上档案图像也有一些无法对应的地方，如样 1704 中 F13 东南角的小院遗址就未发现，而发掘出的房址 F4、F11 处在各期图纸中均未显示有建筑，然因资料阙如，尚无法解释其间变迁。如日后得解可将其发展历程增补细化出更多时间段。

乾隆初期和中期总平面中主楼与曲桥的平面复原，则有赖于湖中遗留的柏木桩。根据楼前柏木桩的分布可以确定乾隆中期左右六角

[38]《内务府已做活计做法清册》："楼面阔三间，清理台基渣土，计面阔八丈七尺四寸，进深三丈八尺四寸，均折高四尺，起刨运出。"转引自：刘敦桢《同治重修圆明园史料》：138。

图 49 乾隆初期上下天光楼与道咸时期建筑遗址叠加关系示意图

亭和曲桥，以及楼前木码头的位置与尺寸。进而依据彩绘绢本和样1704底图显示的比例关系，推测出主楼的平面尺寸。在西六角亭偏西南部，湖中还挖出了乾隆初期的三间桥亭的柏木桩，据此确定当时的西桥平面。另从主楼东侧临水敞厅遗址位置来看，乾隆初期时东六角亭与岸边相接的桥段比乾隆中期要更向东延伸。

虽然御制诗中出现过关于"上下天光"夏日观荷、中秋赏月、寒冬雪霁的描绘，但由彩色绢本图可知"上下天光"景区主要还是体现春季景观，所以在总平面的复原设计中，选用的植物在兼顾其他季节景观的同时，着重突出春天景色。此外，该景区的建筑形式在不同时期有所变化，那么植物的配置也要根据建筑空间的变化而变化。主体建筑"上下天光"楼是主要观赏点，背景选用槐树、白皮松等，以衬托建筑；在样033-4图中还明确标注了道咸年间主楼的两侧约5.5m左右岸线上种植了柳树3棵，其中东侧2棵，1棵在岸上，1棵在岸边缘位置已深入水中，故水岸以旱柳和桃花交替种植，营造桃红柳绿的水岸景观，南侧重点水岸区域增加碧桃的数量比例，以满足景观需求；按照御制诗所描绘的画面，水面中以荷花为主，睡莲、芦苇等水生植物为辅交相呼应，衬托辽阔的水面。平安院、值房等建筑被山体包围，同时也掩映在绿色植物之中，所以此处的建筑周边植物种类丰富，采用多样的配置方式，协调建筑物与道路之间关系；为营造良好的出入环境，门口台阶两侧对称种植花灌木，并以柿树、西府海棠、白花山碧桃等植物填充建筑周围过渡广场空间。"上下天光"的山体形态变化多样，曲折环绕整个景区，因此植物顺应山体走势进行配置，山顶以大乔木为主，突出山势，其他部位常绿树与落叶树交替种植；山体外侧较少被观赏，所以使用花灌木较少，内侧与建筑交接处则种植大量花灌木，并在部分山谷区域营造特殊景观的某一类花灌木纯林供观赏。原则上植物的复原完全遵照配置设计图，但为了避免遮挡建筑景观，会酌情对部分建筑周边的植物做删减或艺术化处理。

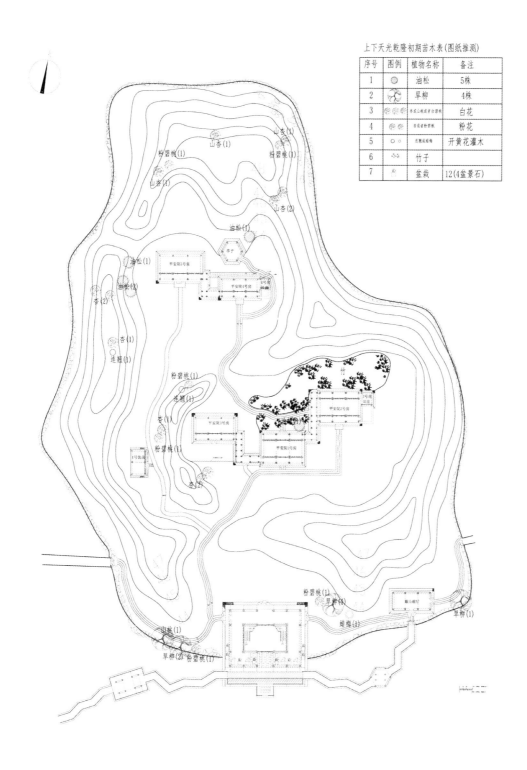

上下天光乾隆初期苗木表(图纸推测)

序号	图例	植物名称	备注
1		油松	5株
2		旱柳	4株
3	乔灌山桃或垂白碧桃		白花
4	乔或道粉碧桃		粉花
5	灌栽或迎梅	开黄花灌木	
6		竹子	
7		盆栽	12(4盆景石)

图50 "上下天光"景区植物配置设计图（同彩绘绢本四十景）

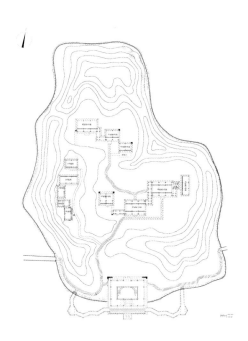

图 51 "上下天光"复原总平面图——乾隆初期　　　　图 52 "上下天光"复原总平面图——乾隆中期

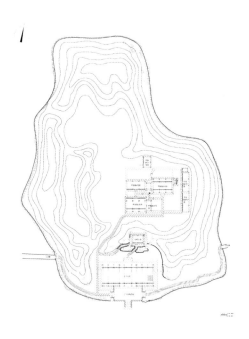

图 53 "上下天光"复原总平面图——道光中前期　　　　图 54 "上下天光"复原总平面图——咸丰时期

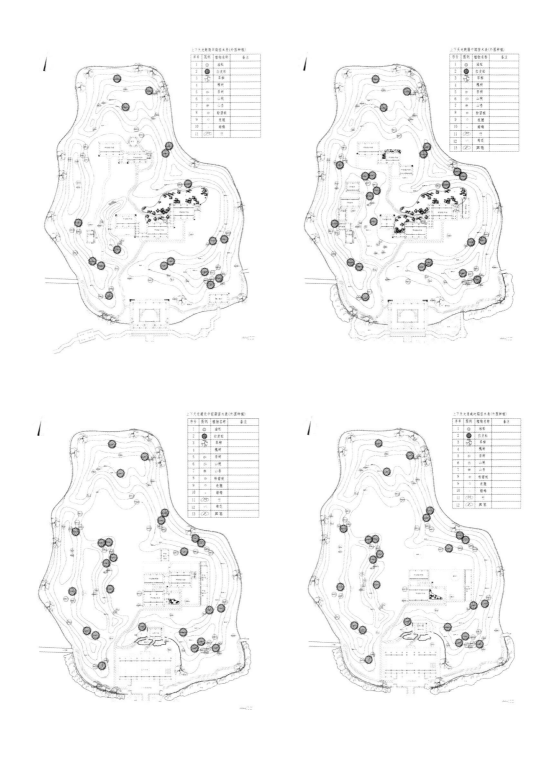

图 55 "上下天光" 各时期植物配置设计图对比

2.（道咸时期）上下天光楼复原设计

根据样 028-5-3 等图纸，可知道咸时期上下天光楼楼下层面阔方向采用 3 大间内 9 小间的形式，进深方向设置前后檐柱、前后金柱共 4 排柱网，即采用 16 根圆柱构成"4 柱 3 间出前后廊"的基本结构；再在柱网间增设方柱，将明间划分为面宽 7 尺 5 寸、1 丈 2 尺、7 尺 5 寸的 3 小间，两次间则分别匀分为 9 尺的 3 间，两山以侧墙封闭。上层则是在首层柱网的基础上，在次间加设几根圆柱分隔出侧廊，形成"4 尺廊 +5 尺半间 +9 尺 +9 尺"的格局，山面也增设方柱，匀分为 3 小间，形成 9 小间加周围廊的形式。楼梯安设在东端的 5 尺小间内。其中圆柱为主要结构柱，与台基遗址上磉墩大小相间的情况完全吻合。将现存图纸上标注的信息与遗址实测数据进行对比整理，建筑开间、进深，上下层柱高、柱径，下出、山出、台明高均可确定。并由遗址可知建筑采用陡板石台明，台上平铺尺七金砖。

楼上楼下均为外檐金里安门窗。楼下明间正中为 4 槅扇，两侧为 2 槅扇；次间均为支摘窗。楼上明间 4 槅扇居中，两侧设支摘窗（采用中部 1 大扇，两侧各 1 小扇的双间框样式）；次间内侧两间安支摘窗，外侧小半间采用一大两小的双间框支摘窗；山面 3 小间均安支摘窗。根据样 033-3 上绘制的外檐详图可知，楼上槛墙高 2 尺 2 寸，窗高 5 尺 8 寸（扇高 2 尺 8 寸 5 分），中枋厚 7 寸，亮子高 1 尺 1 寸 5 分；窗扇宽 3 尺 2 寸，大边宽 3 寸 5 分，中挺宽 4 寸 5 分；步步锦窗格，内里整糊纱或上扇糊纱下扇安玻璃。楼下槛墙高 2 尺 6 寸 5 分，榻板厚 3 寸，窗高 8 尺 5 寸（扇高 4 尺 2 寸），宽 3 尺 2 寸 4 分；内里整糊纱或上扇糊纱下扇安玻璃；窗格按楼上样式延展设计。两侧廊心黑油，槛墙高 4 尺 3 寸 5 分。

楼上檐枋高 1 尺 2 寸，楼板构造层厚 1 尺 2 寸，挂檐板高 1 尺 5 寸，挑出 2 尺 1 寸。楼上、楼下檐枋下均装楣子，楣子高 7 寸 5 分；楼上安宝瓶栏杆，望柱高 3 尺，见方 3 寸 2 分，柱头高 5 寸 5 分。楼下两次间安设有坐凳栏杆，坐凳高 1 尺 7 寸 5 分，图示采用的是跟窗格配套的纹样。

表 7 上下天光楼建筑信息对比表

项目	遗址实测尺寸(mm)	样式房图注尺寸 尺寸(营造尺)	来源图纸
下檐 3 间各面宽	明间磉墩中至中约 8640；次间磉墩中至中约 8740；	2 丈 7 尺	样 028-5-1；样 033-4
下檐进深	前后金柱磉墩中至中约 7700；	2 丈 4 尺	样 028-5-1
下檐前后廊深	连二磉墩长约 2000~2300	4 尺	样 028-5-1；样 033-4
上檐明间面宽	/	2 丈 7 尺	样 028-5-1
上檐次间面宽	/	2 丈 3 尺	样 028-5-1
上檐进深	/	2 丈 4 尺	样 028-5-1
上檐周围廊深	/	4 尺	样 028-5-1
下出	陡板石厚 600；磉墩宽 750~1100	3 尺 2 寸	样 028-5-1；样 028-9-1
山墙外金边宽	角柱磉墩中至台基外皮约 900	1 尺 2 寸	样 033-4
台高	残存陡板石（青石）10 块，均高 700；长短不一；最长的 3020	2 尺 6 寸（比月台高 6 寸）	样 028-5-1；样 033-4；样 028-9-1；样 028-9-2；样 033-2-1；
土衬石突出	土衬石（红色砂岩）边缘总长 28000，总宽 12650	2 尺 3 寸	样 033-4
下檐柱高	/	1 丈 4 尺	样 028-5-1；样 028-9-2；样 033-2-1；
下檐柱古镜高	/	2 寸	样 033-3
上檐柱高	/	9 尺 5 寸	样 028-5-1；样 028-9-2；样 033-2-1；另样 033-4 注为 8 尺 8 寸；
圆柱径	磉墩石块长 1050~1160；宽 1000~1050	1 尺 2 寸	样 028-5-1
方柱见方	磉墩石块长 700~880；宽 540~610	7 寸 5 分	样 033-3
楼下槛墙高	/	2 尺 7 寸 5 分	样 033-3
楼上槛墙高	/	2 尺 2 寸	样 033-3
挂檐高	/	1 尺 5 寸	样 028-5-1；样 028-9-2；样 033-2-1；样 033-3

项目	遗址实测尺寸(mm)	样式房图注尺寸	
		尺寸(营造尺)	来源图纸
挂檐出	/	2尺1寸	样028-5-1
台明上皮至楼板上皮	/	1丈5尺4寸	样033-4
枋子上皮至檐子上皮	/	3尺5寸	样033-4
下檐挂檐上皮至?	/	1丈5尺3寸	样033-4

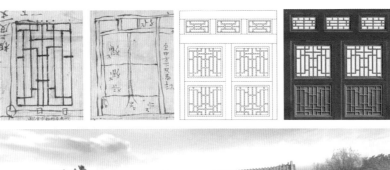

图 56 上下天光楼窗格复原过程示意图（样式房图—CAD 详图—贴图材质—完成效果）

图 57 月台遗址整修后现状照片

楼前月台遗址保存相对完整,实测尺寸与样式房图纸记载也相符。月台上所使用的汉白玉栏杆残存望柱6根、栏板数块,式样简洁小巧,与样036-8(烟雨楼月台上石栏板望柱详图)和样028-5-1、样028-6-1所绘栏杆的立面草图可相印证。另据033-4图注,月台上也是铺砖(与遗址相印证)。

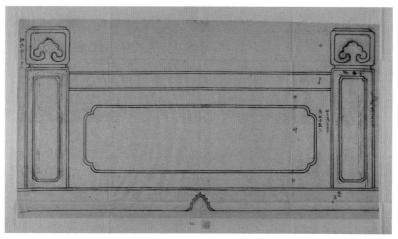

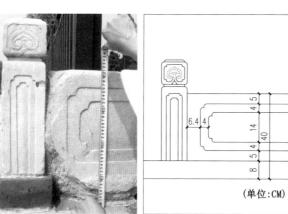

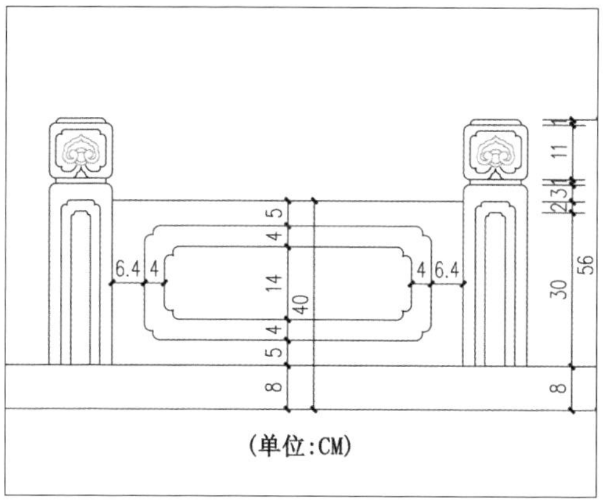

图 58 国家图书馆藏样式雷排架样 036-8 号

图 59 栏杆遗存实测

图 60 栏杆实测图

（单位：CM）

图 61 道光时期上下天光楼复原效果图

3.（乾隆时期）上下天光楼复原设计

无论是史料文献，还是样式房图，均没有对乾隆年间上下天光楼工程做法的详细记载，需要以道咸时期的复原方案为基础，结合考古发掘的楼前木码头的位置与尺寸，依据彩绘绢本图和样 1704 底图显示的比例关系，推测上下天光楼的平面尺寸。从而得到楼阁下层中部面阔 3 间，明间面阔 1 丈 2 尺 5 寸，次间各面阔 1 丈，进深 1 丈 8 尺 7 寸 5 分，四周敞廊各深 1 丈，檐柱径 1 尺，通柱径 1 尺 1 寸。上层以通柱为主要结构柱，形成 3 开间六檩卷棚歇山敞厅，面阔、进深同下层，与通柱对应的四面檐下设柱方为 7 寸的擎檐柱，角梁处各加设 1 根，共 16 根，形成 4 尺深围廊。设计在楼阁内里两侧山面设楼梯，随扶手栏杆。

道咸时期的上下天光楼由遗址信息已确定台上铺的是尺七金砖，光绪年间《圆明园工程料估清册》对改修上下天光楼也记载"内里地面细尺七金砖，台面细澄浆尺七方砖，散水细澄浆城砖，散水地脚刨筑灰土二步。"而乾隆时期上下天光楼的铺砌并无明确依据可言，只能按照两次改修均用尺七金砖来推测此前也是相同规制，后来做了沿用。又考虑到上下天光楼为本区的中心建筑，故尺寸复原设计决定乾隆时期的屋面选用头号筒瓦，台上平铺尺七金砖。五钱，定粉一两二

图 62 彩绘绢本图中的上下天光楼

图 63（右图）乾隆初期、乾隆中期上下天光楼复原效果图

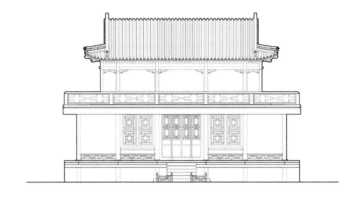

上下天光正立面图 1：100

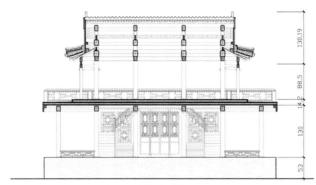

上下天光纵剖面图 1：100

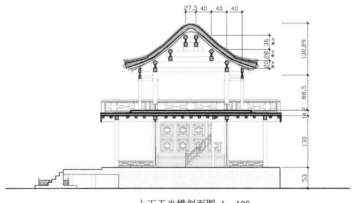

上下天光横剖面图 1：100

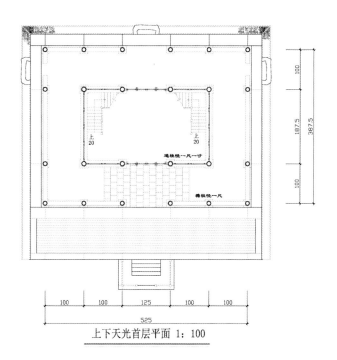

上下天光首层平面 1：100

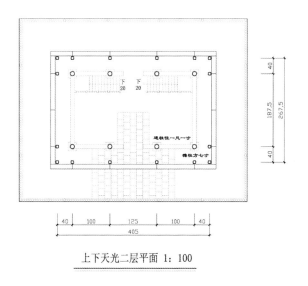

上下天光二层平面 1：100

图 64 乾隆时期上下天光楼复原设计图

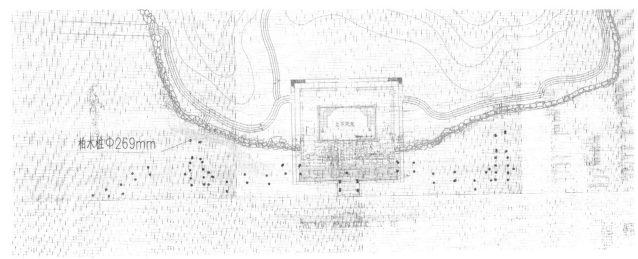

比例: 1/40

通过彩绘绢本图可知楼阁二层平台周围为砖石栏杆刷灰,敞厅擎檐柱间装饰浑金雀替,通柱与下层檐柱间有坐凳栏杆。下层明间前后为五抹槅扇四槽,两次间的三面均装有支摘窗共二十八槽。装修的颜色、门窗的具体样式、台基的做法、踏跺样式及数量均参照彩绘绢本图来复原。

4.(乾隆初期/中期)曲桥和桥亭复原设计

乾隆初期西侧曲桥及长方形三间桥亭的柏木桩遗迹已被发现,后期改为六角亭的柏木桩基础也已清晰地显露出来,因此复原设计曲桥和桥亭时主要以考古发掘数据为准。将2004年的"上下天光"遗址考古现场图纸按照比例放大为实际尺寸,附到考古发掘平面图中去,使图之间的驳岸线位置相吻合,以此来确定曲桥和桥亭柏木桩的位置。考古发现柏木桩每组为1~4个不等,通过实际测量得到主柏木桩的直径约为269mm,换算为营造尺8.4寸,按照清代营建技术常规做法,桥亭的檐柱径应略小于柏木桩直径,故将其定为8寸,曲桥和桥亭的样式则参照彩色绢本图进行复原。

根据遗址来看,这些建筑在水中打下的桩基均采用柏木,但彩绘绢本图上将桥桩均绘制为灰白色。查《圆明园内工汇成油作则例》记载:"桥桩,使灰三道、糙油、垫光油、光粉油,每尺用:桐油一两

图 65 曲桥与桥亭的柏木桩定位图

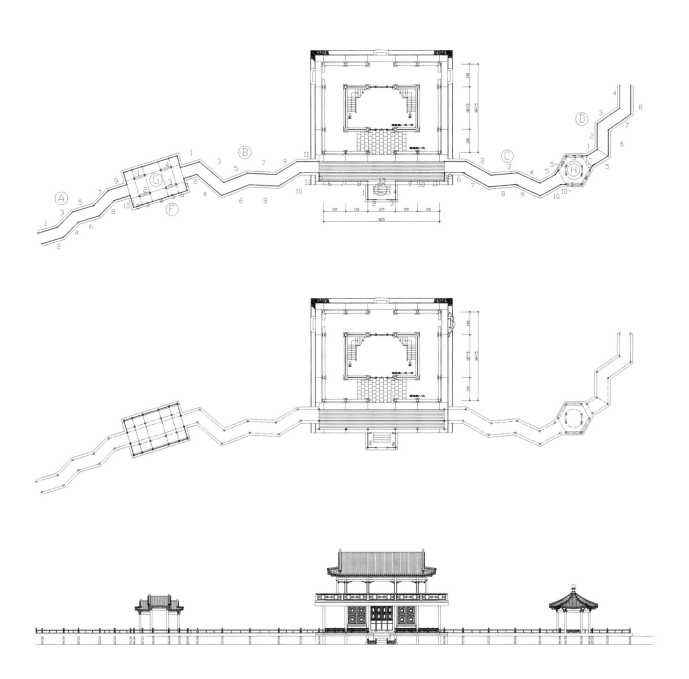

图 66 乾隆初期曲桥与桥亭复原设计图

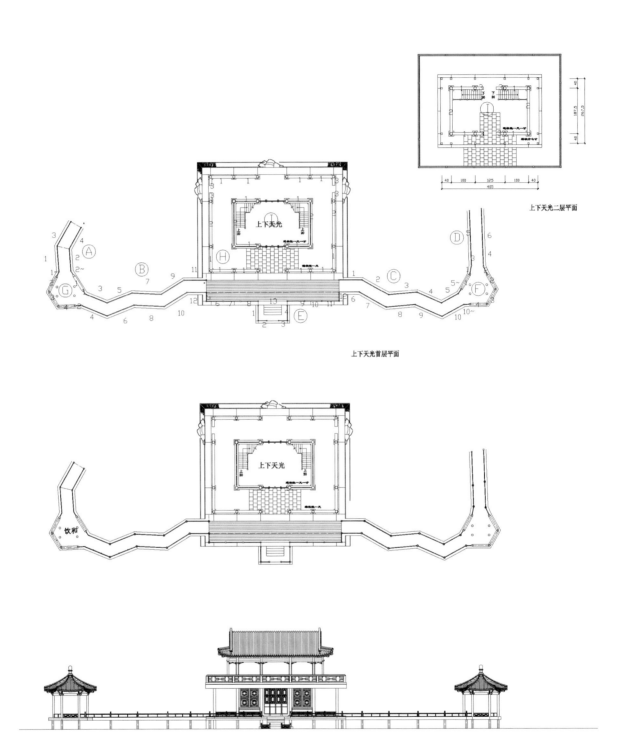

上下天光二层平面

上下天光首层平面

图 67 乾隆中期曲桥与桥亭复原设计图

钱，香油一钱五分。"[39]可知柏木桩外还做了油饰，因此复原模型中也为桥桩赋予了粉油材质。

5. 上下天光楼前天棚复原设计

天棚是老北京常用的临时建筑之一，夏天搭凉棚、席棚，冬天搭暖棚、布棚，还有婚丧嫁娶临时搭棚，形式上则有平棚、脊棚之分。老北京民谚"天棚鱼缸石榴树，先生肥狗胖丫头"就被视为四合院的典型写照。圆明园档案中也留有很多搭棚的记载，除上下天光楼外，"九洲清晏"殿、慎德堂、同乐园、四宜书屋都搭过天棚[40]，使用"杉槁、竹竿、席片、绳麻"[41]等材料，与民间所用材料相同。棚顶上的苇席还可以做成活动的，用绳索来控制舒、卷。

根据遗址和样028-5-1等图（表8），可知天棚"明间面宽二丈七尺，二次间各面宽一丈八尺"，早期天棚前后柱柱中进深1丈5尺，后柱柱中距楼柱中6尺；天棚柱高3丈3尺6寸，柱础中距主楼阶条石中为1尺5寸。后期天棚进深增加了1尺5寸，柱高增加了1尺5寸，挑檐尺寸也比早期缩小。天棚棚顶原比正屋屋檐高出四尺，后棚顶下降3尺仍保留1尺的间距，在遮阳的同时还能较好通风。

天棚正立面图和侧立面图（样028-9-1、样028-9-2）显示，天棚正、侧面使用雀替式牙子、荷叶托脚等作为装饰。在梁思成先生整理的老北京店铺照片中，我们找到了一座相似实例（图71）。木结构的油饰参考四宜书屋前檐天棚的做法，选用了"楠木色"。[42]根据完成的复原效果图可以看到，虽然天棚只是一座临时建筑，却极大地改变了建筑外观形象。

[39] 王世襄编《清代匠作则例汇编——装修作、漆作、泥金作、油作》：325。
[40]《清代档案史料——圆明园》：1069。
[41]《清代档案史料——圆明园》：1031。
[42]《咸丰十年旨意档》"四月十二日，四宜书屋前檐天棚一座着按式样尺寸安搭，油楠木色。"《清代档案史料——圆明园》：1070。

表 8 上下天光楼前天棚信息对比表

项目	样 028-5-1（营造尺）	样 028-9-1（营造尺）	样 028-9-2（营造尺）	样 033-2-1（营造尺）	样 062-2（营造尺）	遗址实测
明间面宽	2丈7尺	/	2丈7尺	3间，通面阔6尺3尺	3间，通面阔6尺3寸	月台遗址左右两侧各留存下一对砂岩粒石打制的天棚柱础，距月台2100米。
二次间各面宽	1丈8尺	/	1丈8尺			
进深（天棚柱中到柱中）	1丈5尺	1丈5尺	1丈5尺	1丈6尺5寸	1丈6尺5寸	柱础南北相距约4850cm。
月台上柱高	/	3丈1尺5寸	从3丈1尺5寸改至2丈8尺5寸	3丈3尺	3丈3尺	/
月台下柱高	3丈3尺6寸	/	从3丈3尺5寸改至3丈5尺	/	/	/
柱径	/	8寸	/	/	/	柱础中部留有透空的圆形柱孔，直径29~30cm。
柱础高	/	1尺2寸	1尺2寸	/	/	柱础石为长方形，南部两个长80cm，宽70cm，厚32~33cm；北部两个长85~86cm，宽65cm，厚31~32cm。
柱础卯眼	/	4寸	/	/	/	/
柱础边距台边	/	1尺	/	/	/	/
前檐挑柁		4尺6寸	4尺6寸	3尺5寸	3尺5寸	/
前檐挑杆				2尺5寸	2尺5寸	
后檐挑柁		4尺6寸	4尺6寸	3尺	3尺	
后檐挑杆				2尺	2尺	
两山各出挑	/	4尺6寸	4尺6寸	4尺	4尺	/
档杆数	/	明26根，次18根，两山4根;	/	/	/	/

项目	样 028-5-1（营造尺）	样 028-9-1（营造尺）	样 028-9-2（营造尺）	样 033-2-1（营造尺）	样 062-2（营造尺）	遗址实测
档杆通长	/	2 丈 6 尺	/	/	/	/
档杆径	/	3 寸	/	/	/	/
桁高	/	7 寸	7 寸	/	/	/
承重枋高	/	7 寸 5	7 寸 5	/	/	/
承重枋厚	/	5 寸	/	/	/	/
挂檐高	/	1 尺 1 寸	1 尺 1 寸	/	/	/
挂檐厚	/	1 寸 5 分	/	/	/	/
承重枋至间枋空当高	/	从 5 尺改为 2 尺	从 5 尺改为 2 尺	/	/	/
间枋高	/	7 寸	7 寸	/	/	/
间枋至中枋空当高	/	7 尺 8 寸 5 分	7 尺 8 寸 5 分	/	/	/
中枋上皮至桁下皮通高	/	1 丈 4 尺 3 寸	/	/	/	/
*	/	5 尺 3 寸	/	/	/	/
挂檐至主楼屋面高	/	4 尺	从 4 尺改至 1 尺	/	/	/
斜撑距柱	/	1 丈 2 尺 5 寸	/	/	/	/

*样式房图纸尺寸标注所示项目不明确。

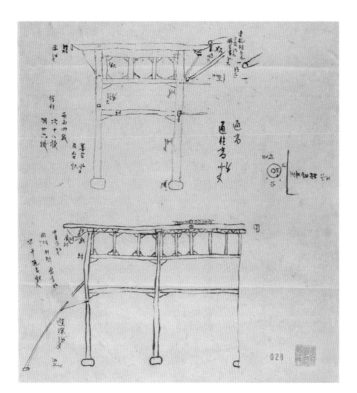

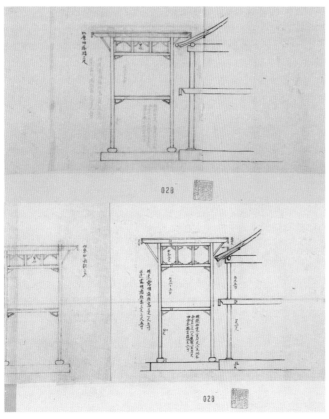

图 68 样 028-9-1

图 69 样 028-9-2

图 70（上图 1）民初北京的三间四柱牌坊式店面（转引自梁思成全集）

图 71（上图 2）天棚柱础

图 72（右图）楼前加天棚后效果图

图 73（右图）乾隆初期上下天光楼复原效果图

6. 临水歇山敞厅复原设计

在彩绘绢本图中出现过一座临水的 3 开间歇山敞厅，从样 1704 底图来看，到了乾隆中期两侧对称六角亭的阶段，该建筑已经不存在。在 2004 年的考古发掘过程中，找到了这座建筑的基址，报告显示"房址 F12 位于上下天光遗址东南角，背靠土山，西望大殿殿址，南面和西面[43]与沿湖甬路相接"，即这座临水歇山敞厅。

根据"上下天光"遗址总平面图，结合考古报告分析，临水歇山敞厅的基址保存了基础部分（基槽长 10m，宽 4.85m；填土芯长 8.8m，宽 3.65m）。在基址的西南、东南和东北三角，共发现有四组边长为 70cm 的磉墩，通过保留磉墩的位置可以推断出建筑的柱位。复原依据基础部分的尺寸和柱位推算、取整，得出歇山敞厅明间面宽 1 丈，两次间各面宽 9 尺，3 间进深 1 丈 1 尺 5 寸，阶条石宽 1 尺，檐柱径则参考房址 F1[44]残留的柱顶石尺寸推算取 8 寸。除此之外，基址北面的卵石散水保存较完整，可以作为有力依据确定出建筑的地面标高，通过测量遗址总平面图得到北面卵石散水的平均宽度约为 450mm，与考古报告记录的数据相符，换算成营造尺为 1 尺 4 寸。[45]

从遗址总平面图来看，敞厅的基址打断了东西走向的沿湖甬路，行人需要从敞厅南侧入西侧出，但在彩色绢本图上不仅没有描绘出这条甬路，敞厅西侧的山面也并未显示有出入口和台阶的设置。彩色绢本图和遗址出现了这样的差别，推测有两种可能性：第一，彩色绢本图在绘制时没有画出沿湖甬路，相应的敞厅山面与甬路连接的细节就没有表达；第二，甬路可能是四十景成图之后铺设的，铺设甬路之后也对敞厅西侧山面做了小的改建，增设了出入口和台阶，使得沿甬路西行时可以穿过临水歇山敞厅，增加了敞厅的实用性。

最终的复原设计方案考虑建筑的功能性和甬路的位置关系，遵从遗址信息将建筑单体东侧山面设出入口与台阶，而装修的颜色，台基、踏跺的做法，坐凳的样式则主要参照彩绘绢本图。

[43] 参看遗址总平面图应为东面。

[44] 房址 F1 为平安院 1 号房基址，临水歇山敞厅与其规制相仿。

[45] 考古报告另有记录"东、南、西三面散水保存较差，仅残存部分三合土基础，散水基础宽 28-45cm"，遗址总平面图中另外三面的散水并不完整，北面卵石散水。

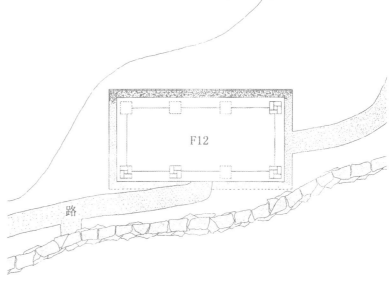

图 74 临水歇山敞厅考古平面图与彩绘绢本
图对比

表 9 歇山敞厅信息对比表

项目	遗址实测尺寸（mm）	考古报告尺寸（mm）	复原设计尺寸（营造尺）
基槽	东西长 10305 南北宽 5130	东西长 10000 南北宽 4850	/
填土芯	/	东西长 8800 南北宽 3650	/
礤墩①	/	位于房址西南角，边长 700	/
礤墩②	/	位于礤墩①东侧，间距 2200，边长 700	/
礤墩③	/	位于房址东南角，与礤墩②间距 5300，边长 700	/
礤墩④	/	位于房址东北角，礤墩③北侧，边长 700	/
散水	450	散水立砖边缘东西总长 10900，南北总长 5750，宽 450	散水宽＝½（散水立砖边缘考古尺寸-基槽边缘实测尺寸）＝1 尺
次间面宽	/	/	礤墩①②间距+礤墩边长＝9 尺
明间面宽	/	/	礤墩②③间距+礤墩边长 - 次间面宽＝1 丈
进深	/	/	同填土芯宽，向上取整为 1 丈 1 尺 5 寸
柱径	/	/	0.07 明间面宽≤柱径＜½ 礤墩边长考古尺寸，取 8 寸
阶条石宽	/	/	½ 基槽宽考古尺寸-填土芯宽考古尺寸-柱径＝1 尺

图 75（右图上）临水歇山敞厅复原设计图
图 76（右图下）临水歇山敞厅复原效果图

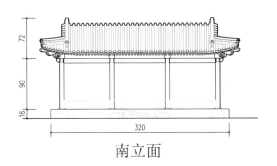

南立面

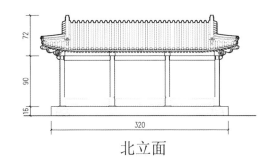

北立面

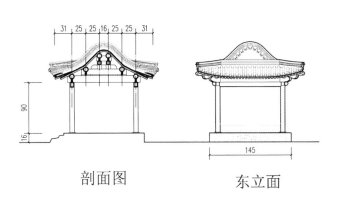

剖面图　　　　　东立面

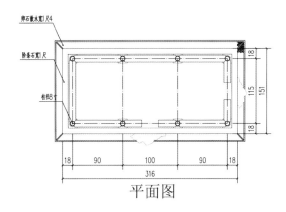

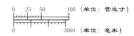

平面图

7. 平安院单体建筑复原设计

从样式房图档和考古发掘报告来看,平安院的建筑在各个时期有过不同程度的添、改建,前后相加共计 11 座值房类建筑,其中 6 号、7 号、9 号、10 号及 11 号值房的考古记录不够完善,在做复原设计时,平面尺寸需要通过彩绘绢本图和样式房底图显示的比例关系进行推测,而其他值房的平面尺寸则主要依据于考古发掘的信息和现场测量。虽然平安院中建筑的布局和结构发生过很大的变化,但由于其附属院落的性质,建筑风格应该有所延续,所以各个时期建筑的屋顶形式、装修颜色和门窗样式的复原设计仍以彩绘绢本图为参照。

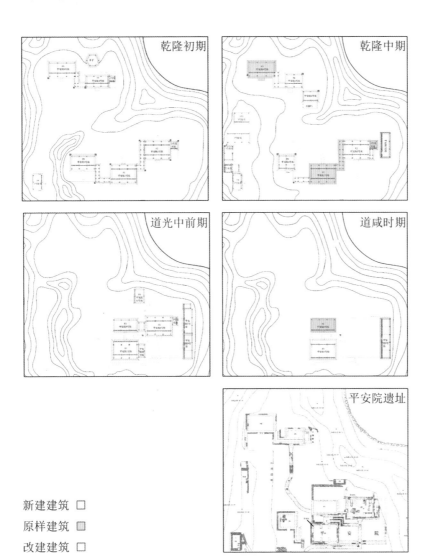

新建建筑 □
原样建筑 ▨
改建建筑 □

图 77 各时期平安院平面图对比

考古房址 F1，即平安院 1 号房，位于遗址区中部，平安院的西南角。对比彩色绢本图、样式房图和遗址总平面图，1 号房的存在可划分 3 个历史阶段。由样 1704 图可知，1 号房在乾隆时期为 3 开间，装修在金柱间，带前后外廊的卷棚悬山建筑；而在样 28-5-2 图中其后檐装修发生了变化，道光中前期的 1 号房将后檐装修改到了檐柱间，从而使后廊变为内廊；再看样 1203 图，到了咸丰时期，1 号房只有简单的单排柱网结构，不再有廊，开间的进深也相对变小。

结合考古报告分析，通过 F1 基址保存下来的三合土基础和 4 个转角石，可以确定 1 号房台基的轮廓大小，与实测尺寸基本吻合，并由三合土表面的白灰痕迹得知台上铺一尺方砖。根据基址南、北两排清理出的 8 个双连柱础坑的位置，能够确定该建筑的柱位，同时推算出建筑的平面尺寸，得到 1 号房在三个阶段 3 开间的面宽均为 1 丈，乾隆时期 3 开间的进深为 1 丈 2 尺，廊深 4 尺；道光中前期 3 开间通进深 1 丈 6 尺，前廊深 4 尺；咸丰时期将金柱拆掉，原后檐金柱的位置改为檐柱，3 开间进深 1 丈 6 尺。该基址的西南角保留有一块柱础石，虽然这块柱础石后期被移动过，但它在双连柱础坑的外侧，推测其可能是檐柱柱础石，从而确定檐柱径的尺寸为 8 寸，金柱径比檐柱径大 1 寸。基址还保留有石墙基及小部分砖墙，砖墙由两种尺寸的青砖垒成，根据石墙基的宽度和残留砖墙上的青砖尺寸，推断墙厚 2 尺，山墙用大开条砖，槛墙用小沙滚砖。此外，基址的四周均存有卵石散水，通过散水可以确定出建筑的地面标高，散水宽度为 40cm，换算为营造尺约为 1 尺 2 寸。

考古房址 F3，即平安院 8 号房，位于平安院西部，东邻 F2，实测东西长 10.3m，南北宽 4.6m，与南侧房址 F1 的距离为 3.58m。通过对比彩色绢本图、样式房图和遗址总平面图，可以看出 8 号房是道光时期添建的，考古发现该建筑基址破坏严重，只保存了基础部分和卵石散水，散水宽 40cm，换算成营造尺约为 1 尺 2 寸，由散水可以确定建筑的地面标高。在反应道光六年 (1826)"上下天光"总平面布局的样 028-5-1 图中，对 8 号房的平面尺寸和柱高有明确的记载：8 号房为 3 开间值房，明间与两次间的面宽均为 1 丈，进深为 1 丈 1 尺，柱高 8 尺，推算得到柱径为 7 寸。台上铺装则参考规制相仿的 1 号房，选一尺方砖。

表 10 平安院 1 号房考古信息

项目	位置	考古报告尺寸（mm）
整体基址（包括散水）	"上下天光"遗址区中部，平安院的西南角	东西长 11300 南北宽 8350
转角石	西南角	400×140
	西北角	40×110
	东北角	450×190
	东南角	400×150
石墙基	房址台基的周围，墙基的西墙北端和南墙东端	宽 650
三合土面	与平安院墙角墙体相接	东西长 9200
	石墙基的内侧	南北宽 6250
铺地砖		边长 330
（1）号柱础坑	房址的西北部	长 1920，宽 660
（2）号柱础坑	（1）号坑的东部	间距 2580，长 1850，宽 720
（3）号柱础坑	（2）号坑的东部	间距 2500，长 1830，宽 700
（4）号柱础坑	房址的东北角，（3）号坑的东部	间距 2510，长 1900，宽 640
（5）号柱础坑	房址的西南角，与北部的（1）号柱础坑相对	间距 2510，长 1900，宽 640
（6）号柱础坑	（5）号柱础坑的东部	间距 2550，长 1700，宽 600
（7）号柱础坑	（6）号柱础坑的东部	间距 2500，长 1800，宽 720
（8）号柱础坑	房址的东南角，（7）号柱础坑的东部	间距 2500，长 1800，宽 700
散水	房基的四周，石墙基的外侧	宽 400

表 11 平安院 8 号房考古信息

项目	位置	考古报告尺寸（mm）
整体基址	"上下天光"遗址区平安院西部，东邻 F2，南与 F1 相对应	东西长 9000 南北宽 4100
基槽	房址内，夯土芯的周围	北、东、南山面基槽宽 500 西墙基槽宽 700
填土芯	基槽的内侧	东西长 9000 南北宽 4100
散水	房基南墙东部的外侧残存一部分	宽 400

考古房址 F2 位于平安院东部，即平安院 2 号房，位于房址 F1 的东北方向，实测东西长 10.65m，南北宽 7.58m，与房址 F3 的距离为 3.65m。同样对比分析彩色绢本图、样式房图和遗址，大致推测 2 号房为 3 开间卷棚带前后外廊的悬山式建筑，因为现存遗迹有灶、炕，其应该具有生火做饭、取暖的功能，具体复原设计方案也分为 3 个阶段：阶段一依照彩色绢本图，乾隆早期的 2 号房西邻院墙北靠山腰，除耳房以外，周围没有其他值房建筑，考虑交通的合理性，设计明间只有南侧开门，北侧金柱间均安支摘窗，不设槅扇门，西面前后廊心墙均开门，东面只有前廊心墙开门；阶段二根据样 1704 图的变化，2 号房东侧添建了一座 3 开间小值房，为方便交通，设计乾隆中期的 2 号房为明间前后开门，其余同乾隆早期；第三阶段依据样 028-5-1 图和遗址信息，到了道光中前期，2 号房直对平安院南门，成为平安院内的主要建筑之一，又改回明间只有南侧开门，并且两侧山墙不再设门。在反应咸丰时期状况的样 1203 图中，2 号房已经不存在，保存下来的遗址应该是道光时期的。

根据遗址总平面图，结合考古报告分析，该基址除灶、炕以外，还保留有基础部分、石墙基、柱础坑和散水。通过基址保留下来的三合土基础和东北角的转角石，可以推断 2 号房台基的轮廓，并确定出

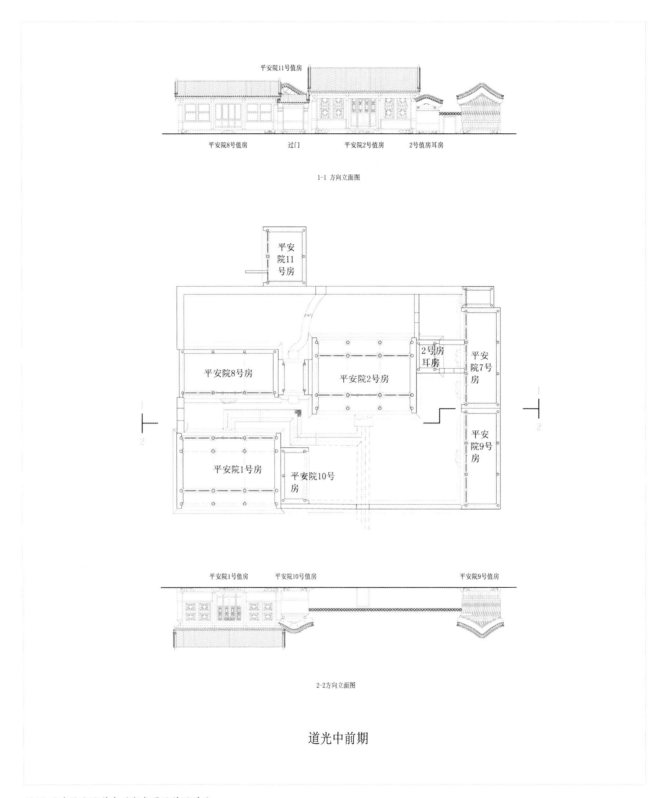

平安院11号值房

平安院8号值房　　过门　　平安院2号值房　　2号值房耳房

1-1 方向立面图

平安院11号房

平安院8号房　　平安院2号房　　2号房耳房　　平安院7号房

平安院1号房　　平安院10号房　　平安院9号房

平安院1号值房　　平安院10号值房　　平安院9号值房

2-2方向立面图

道光中前期

图 78 平安院主院落各时期复原设计图对比

平安院8号值房   平安院9号值房

3-3方向立面图

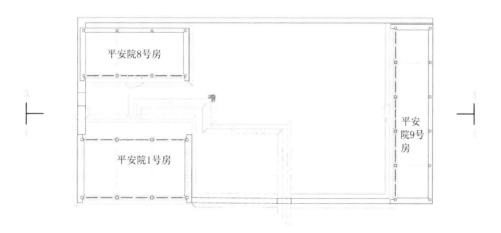

平安院8号房

平安院1号房

平安
院9号
房

平安院1号值房   平安院9号值房

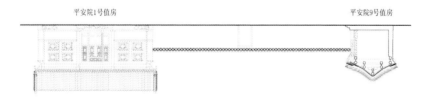

4-4方向立面图

道咸时期

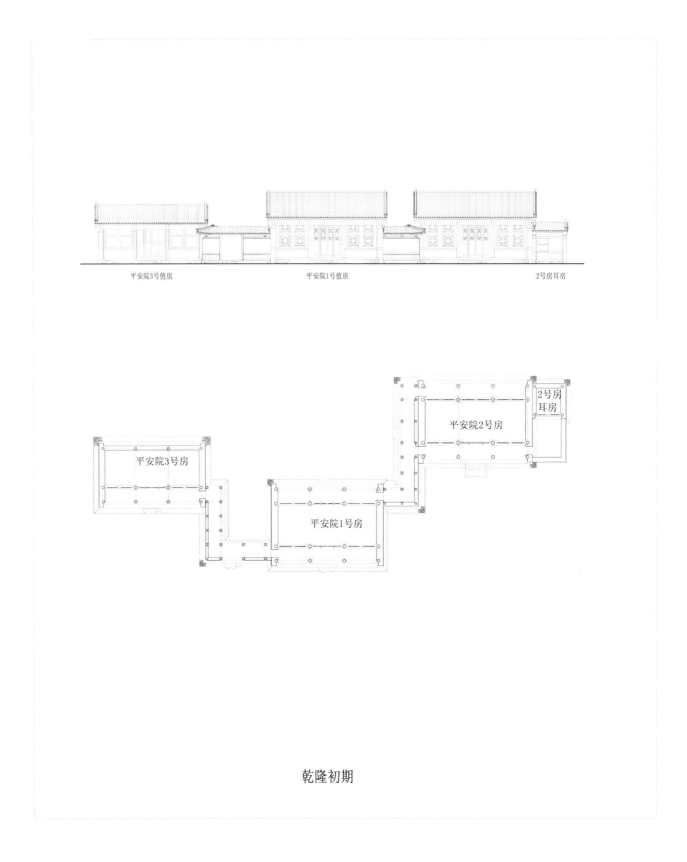

平安院3号值房　　　　　　　　平安院1号值房　　　　　　　　2号房耳房

乾隆初期

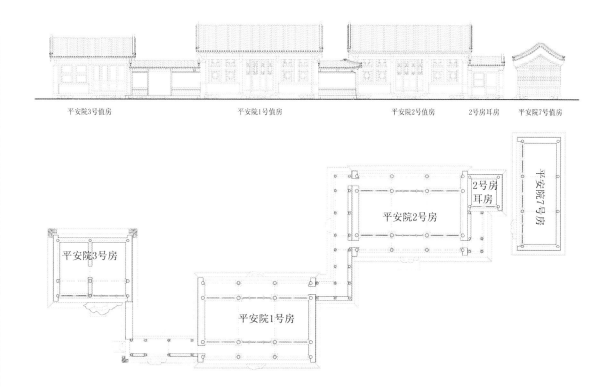

平安院3号值房　　　　平安院1号值房　　　　平安院2号值房　2号房耳房　平安院7号值房

乾隆中期

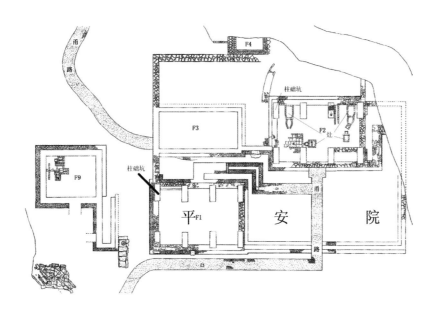

台阶的位置和尺寸，台上的铺装则参考规制相仿的 1 号房，选择一尺方砖。根据基址南、北两排清理出的 8 个双连柱础坑的位置，能够确定该建筑的柱位，同时推算出建筑的平面尺寸，得到 2 号房 3 开间的平面尺寸均相同，面宽为 1 丈，进深为 1 丈 2 尺，廊深 4 尺。该基址虽然没有柱础石的遗存，无法直接得到柱径尺寸，但 2 号房规制同 1 号房，故檐柱径同样取 8 寸，金柱径为 9 寸。由基址的石墙基宽度判断建筑墙厚为 2 尺，基址的四周保留有散水，通过散水可以确定建筑出的地面标高，其中北、南、西三面残存为卵石散水，散水宽度为 40cm，即 1 尺 2 寸，东面散水残留部分为长方形青砖铺砌，宽 25cm，约 8 寸。虽然砖石散水的青砖尺寸偏大，但是样式与其他墙基处的散水相仿，推测可能为不同时期院墙或建筑散水的遗存，本次复原设计考虑到平安院内建筑铺装应统一风格，故复原设计 2 号房周围仍然为卵石散水铺装。

房址 F9，即平安院 3 号房，位于遗址区中部，东邻平安院，西靠清代晚期山形遗迹。由彩色绢本图可以看出，在乾隆早期此处为 3 开间带前廊的卷棚歇山式建筑；而在乾隆中期的样 1704 图中，3 号房则改建为 2 开间，正好与遗址信息相吻合；之后的样式房图上已看不到该建筑的存在。

图 79 平安院主院落考古平面图

根据遗址总平面图和考古报告分析，3号房基址保存了基础部分，由台阶基础可以确定台阶的位置及尺寸，结合样1704图中3号房的平面比例关系，推测乾隆中期3号房西侧开间面宽为9尺，东侧开间面宽为1丈零5寸，通进深均为1丈5尺，内廊深4尺，檐柱径尺寸同4、5号房规制，定为7寸。除了东面，基址的其余三面还保留有完整的卵石散水，散水宽50cm，换算为营造尺为1尺5寸，通过散水同时可以确定出建筑的地面标高。而乾隆早期的建筑基址已不存在，

表12平安院2号房考古信息

项目	位置	考古报告尺寸（mm）
整体基址（包括散水）	平安院东部，西邻F3	东西长11050，南北宽8300
转角石	房址的东北角	长490，宽260
石墙基	房址台基的周围，西北角与平安院院墙往外拐角处相连接	宽600
三合土面	石墙基的内侧	东西长9450 南北宽6350
（1）号柱础坑	房址的西北部	长1750，宽600
（2）号柱础坑	（1）号坑的东部	间距2500，长1800，宽700
（3）号柱础坑	（2）号坑的东部	间距2500，长1700，宽660
（4）号柱础坑	房址的东北角，（3）号坑的东部	间距2580，长1770，宽710
（5）号柱础坑	房址的西南角，	长1800，宽650
（6）号柱础坑	（5）号柱础坑的东部	间距2500，长1820，宽700
（7）号柱础坑	（6）号柱础坑的东部	间距2500，柱础坑长1800，宽680
（8）号柱础坑	房址的东南角，（7）号柱础坑的东部	间距2600，柱础坑长1790，宽700
卵石散水	房基的西、南、北面，石墙基的外侧	宽400
青砖散水	房基东面	宽250
台阶基础	房址前墙正中间	东西长1950，南北宽1100

只能根据彩色绢本图的比例，参考乾隆中期的尺寸推测设计。此外，3号房还存有灶遗迹 3 处，故推测在乾隆时期该值房也有生火做饭的用途。

考古房址 F5，即平安院 5 号房，位于"上下天光"遗址区西北角，并与土山相邻，实测遗址东西长 10.6m，南北宽 6.3m。在彩色绢本图和样 1704 图、样 1370 图中，均可以找到 5 号房，其为 3 开间带前廊的卷棚歇山式建筑，但是样 028-5-1 图中 5 号房已不存在，说明 5 号房建于乾隆早期"上下天光"成景之时，嘉庆时期仍然存在，到了道光时期已被拆除。

通过遗址平面总图可以看出，5 号房基址破坏比较严重，只保存了基础部分和散水。根据考古报告中对基址基础部分的记录，参考实测数据，对 5 号房的平面尺寸进行推算，得到明间面宽 1 丈 1 尺，两次间面宽 1 丈，进深均为 1 丈 2 尺 5 寸，前廊深 4 尺。与 1 号房相比，5 号房的基槽尺寸略小，加之所处位置相对遗址区中心偏远，故檐柱径取 1 号房檐柱径小 1 寸，即 7 寸。由保留的台阶基础，可以确定台阶的位置和尺寸，复原设计选 1 尺台明云步。此外，基址保留有较好的卵石散水，通过散水可以确定出建筑的地面标高，基址西面的散水宽 49cm，约为 1 尺 5 寸，其余三面散水宽 40cm，约 1 尺 2 寸。

根据"上下天光"遗址总平面图显示，房址 F6 位于 F5 东侧，东部将一清代早期建筑房址 F7 打破，结合彩色绢本图和样式房图比较分析，所谓清代早期建筑的房址 F7，应该是彩色绢本图上所示的 5号房东邻的 3 开间带前廊的卷棚歇山式建筑，而样 1704 图中由游廊与 5 号房相连接的东侧 2 开间带前廊建筑应该为房址 F6，这说明此处的值房——平安院 4 号房，在乾隆中期进行过改建，房址 F7、F6为改建前后的 4 号房基址，又通过样 028-5-1 图可知，到了道光时期，4 号房与 5 号房一同被拆除了。

结合考古报告分析，4 号房的 F6 基址保存了基础部分，根据台阶基础可以确定出台阶的位置及尺寸，同时参考实测数据，推测乾隆中期的 4 号房 2 开间面宽均为 9 尺 5 寸，进深 1 丈零 5 寸，前廊深 4 尺，檐柱径同 5 号房规制为 7 寸。基址周围有残存的卵石散水，通过散水

图 80 平安院主院落各时期复原效果图对比
从上至下分别为乾隆初期、乾隆中期、道光
中前期、道咸时期。

表 13 平安院 3 号房考古信息

项目	位置	考古报告尺寸（mm）
整体基址（包括散水）	"上下天光"遗址区中部，东邻平安院、西靠清代晚期山形遗迹	东西长 8100，南北宽 7000
基槽	房址内，夯土芯的周围	宽 700，东西长 7100，南北宽 6000
夯土芯	基槽的内侧	东西长 5700，南北宽 4600
散水	房址的四周都有散水，东墙基的散水上部被全部破坏，仅剩下底部的部分三合土基础	宽 350
台阶基础	南墙基偏西的外侧	东西长 1400，南北残宽 750

表 14 平安院 5 号房考古信息

项目	位置	考古报告尺寸（mm）
整体基址（包括散水）	"上下天光"遗址区的西北角，与土山相邻	东西长 9000，南北宽 4100
基槽	房址内，夯土芯的周围	宽 600，东西长 10700，南北宽 6450
夯土芯	基槽的内侧	东西长 9500，南北宽 5250
散水	房址的四周都有散水，基槽南侧的散水保存较完整，北、东、西三面各残留一小部分	宽 400
台阶基础	房址的前墙基槽中间南侧	东西长 2650，南北残宽 900

确定出建筑的地面标高，散水宽 40cm，即 1 尺 2 寸。结合基址 F7 残存的基础部分，对比基址 F7 与 F6 的宽度，可知乾隆早期的 4 号房虽然为 3 开间，但进深明显要小于乾隆中期，复原设计将其 3 开间的面宽尺寸均定为 9 寸，进深为 8 尺 5 寸，廊深 3 尺 5 寸，保留的卵石散水尺寸仍为 1 尺 2 寸。

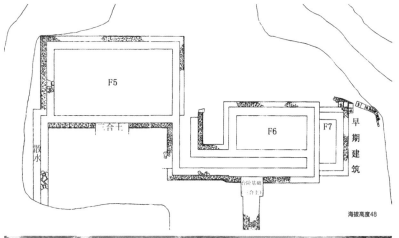

图 81　平安院北部值房考古平面图

图 82　平安院北部值房乾隆初期、乾隆中期复原效果图对比

表 15 平安院 4 号房考古信息

项目	位置	乾隆初期考古报告尺寸（mm）	乾隆中期考古报告尺寸（mm）
整体基址（包括散水）	"上下天光"遗址区北部，北邻土山，西邻 F5	暴露部分东西宽 2350，南北长 5450	东西长 7850 南北宽 6450
基槽	房基内，夯土芯的周围	宽 600，东墙基槽南北长 4650，南北强两道基槽东西残长 1950	西墙基槽和北墙基槽宽 700，东墙基槽和南墙基槽宽 600，檐廊南墙基槽宽 680，回廊基槽宽 600
夯土芯	基槽的内侧	暴露部分东西宽 1350，南北长 3450	东西长 5750 南北宽 2700
散水	房址的四周都有散水，基槽南侧的散水保存较完整，北、东、西三面各残留一小部分	宽 400	宽 400
台阶基础	房址的前墙基槽中间南侧	/	东西长 1820，南北宽 1550

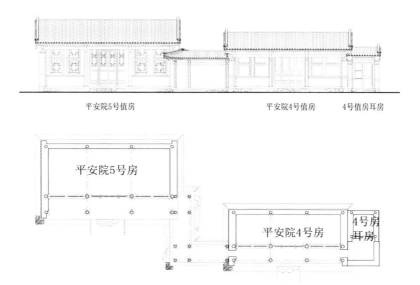

平安院5号值房　　　　　平安院4号值房　　4号值房耳房

平安院5号房

平安院4号房

4号房
耳房

乾隆初期

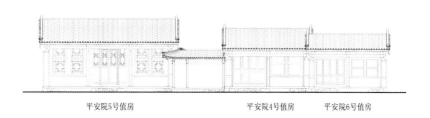

平安院5号值房　　　　　平安院4号值房　　平安院6号值房

平安院5号房

平安院4号房

平安院6号房

月洞门

乾隆中期

图83 平安院北部值房各时期复原设计图对比

8．其他值房单体建筑复原设计

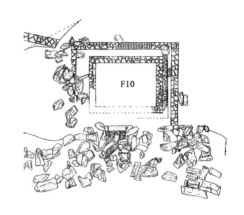

房址 F10 位于"上下天光"遗址区中南部，南、西两侧与假山相邻，南望"上下天光"大殿，底部坐落在早期建筑遗迹上，东、北、西三面用挡山墙镶护，此房址是平安院之外的山间小庙。对比各个时期的样式房总平面图和遗址总平面图，可知山间小庙是道光时期新添建的，其遗址存在早晚期叠压迹象，正如样 028-5-1 图上所示此处有明显涂改痕迹，推测该山间小庙在建成后又进行过改建。

遗址总平面图上显示的该处房基为长方形，与样 028-5-1 图中涂改掉的建筑平面相似，结合考古报告分析，基址保存了基础部分，通过实测面宽 4.8m（合 1 丈 5 尺），进深 3.4m（约合 1 丈 06 寸）。透过样 028-5-1 底图，可知改建前的山间小庙为 2 开间，将实测尺寸减除柱础石、阶条石的合理宽度后，得到 2 间面宽均为 8 尺，进深为 1 丈 1，样 028-5-1 底图记载柱高 7 尺，由此推断柱径应该为 7 寸。基址还保留有石墙基及小部分砖墙，砖墙由两种尺寸的青砖垒成，根据石墙基的宽度和残留砖墙上的青砖尺寸，推断墙厚 1 尺 5 寸，山墙用大停泥砖，槛墙用小沙滚砖。此外，基址周围还存有挡山墙墙基，东侧有保存较好的卵石散水，散水宽 40cm，约 1 尺 2 寸，通过散水可以确定出该建筑的地面标高。根据经验，此类小规格的宗庙建筑通常为硬山式屋顶，故复原设计也将该建筑的屋顶定为硬山式。

样 028-5-1 图显示，改建后的山间小庙为单开间，建筑平面接近正方形，考古发掘没有找到疑似的基址遗存，推测后来的单间可能是在原有的建筑基础上改建的，根据样式房图记载，其单间面宽为 8 尺，进深为 8 尺 5 寸，柱高 7 尺 5 寸，得到柱径为 7 寸。小庙四周有一面宽 1 丈 5 尺，进深 1 丈 4 尺 6 寸的挡山墙。

房址 F8 位于"上下天光"遗址区西部，坐西朝东，背靠土山，系 1 号值房。彩色绢本图、样 1704 图、样 1370 图中，均可以找到 1 号值房，虽然样 1196 图中也有疑似 1 号值房的标记，但是比样 1196 图更早时期的样 028-5-1 图和比它更晚的样 1203 图中都没有 1 值房，故样 1196 这张道光 20 年的河道图不作为参考依据，1 号值房的存在

图 84 山间小庙考古平面图

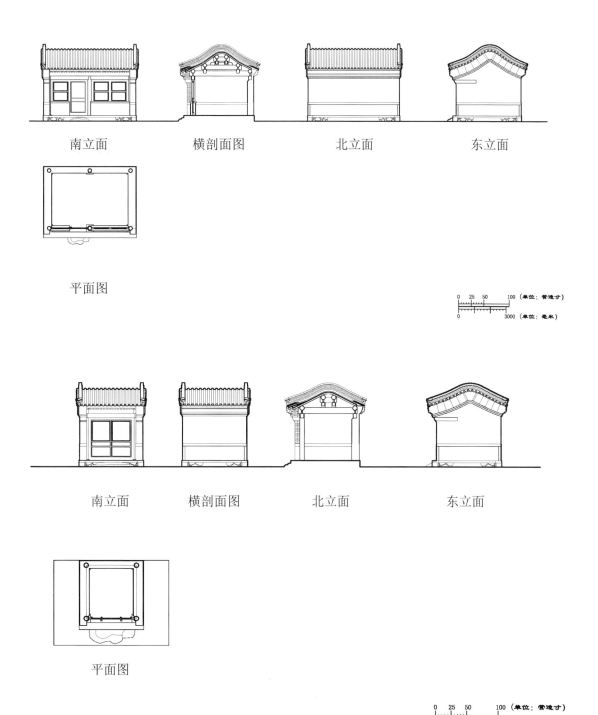

南立面　　　　横剖面图　　　　北立面　　　　东立面

平面图

0　25　50　　100（单位：营造寸）

0　　　　　　　3000（单位：毫米）

南立面　　　　横剖面图　　　　北立面　　　　东立面

平面图

0　25　50　　100（单位：营造寸）

0　　　　　　　3000（单位：毫米）

图 85 道光中前期、道咸时期山间小庙复原设计图

时间应该是在乾隆早期到嘉庆年间，其规制较小，为 2 开间的卷棚悬山式建筑，道光时期就已经将其拆除。

根据遗址总平面图，结合考古报告分析，1 号值房基址保存了基础部分，基址的西侧两角还分别保留有两块抱角砖，通过基础部分和抱角砖的位置，可以判断建筑台基的外轮廓，与实测尺寸（南北长5.9m，东西宽 4.02m）基本吻合。由台阶基础则能够确定台阶的位置及尺寸，并推断 1 号值房为两开间建筑，复原设计将南侧开间面宽定为 8 尺 5 寸，北侧开间宽定为 8 尺，两侧进深均为 1 丈，檐柱径尺寸同其他小值房为 7 寸。基址周围保留有石墙基，在位于西墙和北墙的内侧有一层用青砖垒在墙基上的砖墙，根据石墙基的宽度和残留砖墙上的青砖尺寸，推断墙厚 1 尺 5 寸，砖墙均采用小沙滚。除此之外，基址北、东、南三面还保留有较好的散水，通过散水可以确定建筑的地面标高，其中南、北两面为卵石散水，散水宽 40cm，换算为营造尺约 1 尺 2 寸，东面为长方形青砖铺砌的散水，宽 31cm，约 9.5 寸。

还有一些值房，如样 1704 西侧的建筑群等，由于没有明确的史料记载和相对完整的考古发掘记录，这些值房的复原设计没有特别的依据，其平面尺寸需要通过彩绘绢本图和样式房底图显示的比例关系进行推测。值房的样式风格设计参照彩绘绢本图，与该景区其他建筑保持统一、协调。

图 86 山间小庙复原效果图

表 16 山间小庙考古信息

项目	位置	考古报告尺寸（mm）
整体基址	位于"上下天光"遗址区中南部，南、西两侧与石假山相邻，南望"上下天光"大殿，底部座落在早期建筑遗迹上，东、北、西三面用挡山墙镶护	面阔 4800　进深 3400
石墙基	/	宽 520
挡山墙	房址的东、北、西三面，北面的挡山墙与石墙基的间距为 500，东面和西面挡山墙的间距为 550-680	宽 530
填土芯	石墙基的内侧	现存部分东西长 4800 南北残宽 2500-3400
散水	东墙基的外侧	宽 400
青砖	石墙基	450×250×50　260×130×60
	挡山墙	250×120×50

表 17　1 号值房考古信息

项目	位置	考古报告尺寸（mm）
整体基址	"上下天光"遗址区西部，背靠土山	南北总长 6800，东西宽 4250
石墙基	房址台基的周围	宽 500
三合土面	石墙基的内侧	南北长 5000，东西宽 2950
抱角砖	房址的南、北墙基两端外侧，为立砖南北向紧靠墙基摆放	450×220×105
散水	房基的北、东、南三面，南、北两面的散水是鹅卵石铺成，东面的散水则是用长方形的青砖铺砌	鹅卵石散水宽 400，青砖散水宽 310
青砖	石墙基	250×120×50
	散水	260×130×60

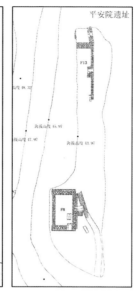

新建建筑 □
原样建筑 ▦

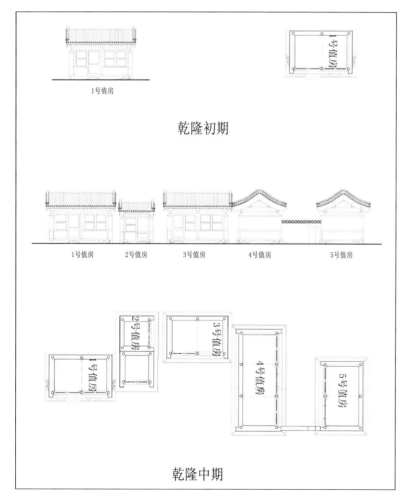

图 87 西部值房各时期平面图与考古平面图对比

图 88 西部值房各时期复原设计图对比

图 89 西部值房乾隆初期、乾隆中期复原效果图对比

表18 "上下天光"景区建筑复原准确度评价表

编号	建筑名称	时期	准确度
1	上下天光楼＋木月台	乾隆初期 - 乾隆中期	50%
2	上下天光楼＋石月台	道咸时期	90%
3	"上下天光"天棚	咸丰时期	90%
4	歇山桥亭＋曲桥	乾隆初期	75%
5	饮和亭＋曲桥	乾隆中期	75%
6	奇赏亭＋曲桥	乾隆初期 - 乾隆中期	75%
7	歇山敞厅	乾隆初期	75%
8	平安院1号房	乾隆初期 - 道光中前期	75%
9	平安院1号房	道咸时期	75%
10	平安院2号房	乾隆初期 - 道光中前期	75%
11	2号房耳房	乾隆初期 - 乾隆中期	50%
12	2号房耳房	道光时期	50%
13	平安院3号房	乾隆初期	65%
14	平安院3号房	乾隆中期	50%
15	平安院4号房	乾隆初期	65%
16	平安院4号房	乾隆中期	50%
17	4号房耳房	乾隆初期	50%
18	平安院5号房	乾隆初期 - 乾隆中期	65%
19	平安院6号房	乾隆中期	15%
20	平安院7号房	乾隆中期	15%
21	平安院7号房	道光中前期	25%
22	平安院7号房耳房	道光时期	25%
23	平安院8号房	道咸时期	40%
24	平安院9号房	道光时期	25%
25	平安院9号房	咸丰时期	15%
26	平安院10号房	道光时期	25%
27	平安院11号房	道光时期	20%

编号	建筑名称	时期	准确度
28	过门	道光时期	15%
29	后山六角亭	乾隆初期	50%
30	山间小庙	道光时期	75%
31	山间小庙	咸丰时期	60%
32	1号值房	乾隆初期 - 乾隆中期	75%
33	2号值房	乾隆中期	15%
34	3号值房	乾隆中期	15%
35	4号值房	乾隆中期	25%
36	5号值房	乾隆中期	25%

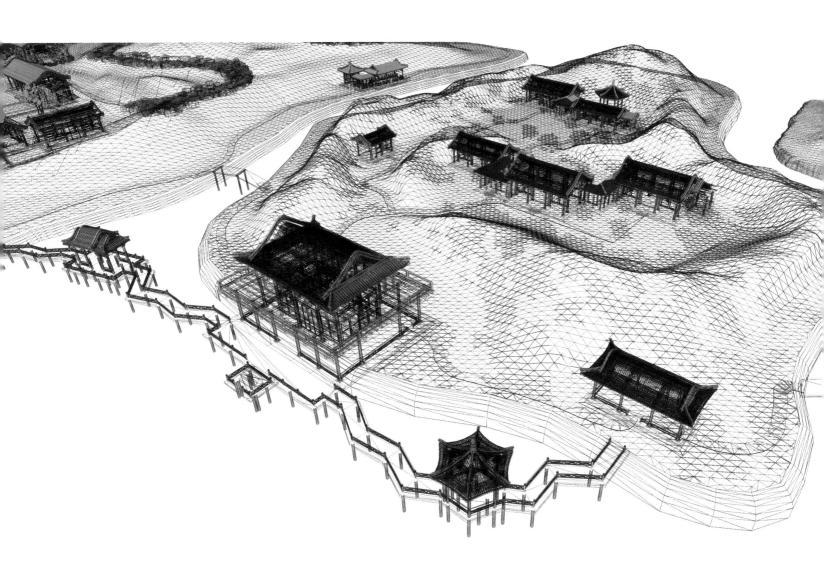

第五章

结语

从景观意境的角度来看，乾隆早期的"上下天光"主楼南俯后湖，东西曲桥蜿蜒展开，桥型与桥亭非对称布置，舒展大气，既是良好的湖景观赏点，也是后湖岸线上一处显著的点景建筑，造景非常成功。乾隆中期，将西桥改建后，两侧桥型和桥亭均以上下天光楼为中轴对称，景象较前显得单调，缺少灵动之气。道光时期取消了挑入湖面上的楼阁平台、月台和曲桥，只剩下涵月楼峭然独立岸边，建筑形象显得单薄，也破坏了原来层次丰富的亲水空间，整体景观乏善可陈。咸丰年间在楼前增设大型天棚，可能便于使用，但从环湖景观效果来看似乎更不理想。

尽管以上各次改建的直接原因已不可知，除了历代帝王审美趣味的变化之外，就实用功能来看，入水建筑以木头为桩基，相对较难维护；原来直通"杏花春馆"的曲折西桥，正好位于"上下天光"和"杏花春馆"两岛之间的河湾水口处，桥亭建筑荷载较大，桥桩受水流冲击更大。或许也在一定程度上引起了改建。

九州区域是圆明园的核心区，也是圆明园造园艺术的精华区域。但从"上下天光"景区现状来看，建筑基址并未得到有效保护，考古发掘出的丰富遗址信息和本景区历经改建的历史过程都没有进行展示。同时，皇家在此临湖观荷、宴饮赏月、中秋供月的生活习俗还可以进一步加以挖掘，策划开展文化体验活动。

如果能在水中对乾隆初期的上下天光楼和曲桥等进行恢复性展示，既不干扰道咸时期建筑基址的保存和保护（道咸时期的建筑与乾隆初期的位置是错开的），又能承担游客观赏停留、休息和文化体验需求，还补足了环后湖区域的重要对景构图，对于展示圆明园造园思想、造景艺术和园林建筑历经改建的历史都有重要作用。

图 90 （右图）乾隆早期"上下天光"复原效果

附录1　　清代历史年表

公元	纪年	干支	重大事件
清圣祖仁皇帝　康熙			
1707	康熙 46 年	丁亥	正月，第六次南巡；六月，巡幸塞外，阅定《历代题画诗类》一部
1708	康熙 47 年	戊子	九月，废太子胤礽
1709	康熙 48 年	己丑	正月，复位胤礽为皇太子
1710	康熙 49 年	庚寅	正月，仁宪皇太后七旬万寿
1711	康熙 50 年	辛卯	八月，弘历诞生
1712	康熙 51 年	壬辰	二月，清政府实行"孳生人丁永不加赋"政策；十月，再废太子胤礽
1713	康熙 52 年	癸巳	册封班禅额尔德尼
1714	康熙 53 年	甲午	《律历渊源》修成
1715	康熙 54 年	乙未	郎世宁受召入宫；十一月，废太子胤礽；
1716	康熙 55 年	丙申	《康熙字典》修成
1717	康熙 56 年	丁酉	议定禁海政策及具体办法；出木刻版《皇舆全览图》 十二月，仁宪皇太后病逝
1718	康熙 57 年	戊戌	修《省方盛典》
1719	康熙 58 年	己亥	印行铜版图《满汉合璧清内府一统舆地秘图》
1720	康熙 59 年	庚子	六月，北京西北地区（今河北怀来县）发生强地震；册封六世达赖喇嘛，驱逐准葛尔军队
1721	康熙 60 年	辛丑	
1722	康熙 61 年	壬寅	十二月，康熙帝病逝
清世宗宪皇帝　胤禛			
1723	雍正 1 年	癸卯	五月，仁寿皇太后崩，追尊孝恭仁皇后（雍正生母） 八月，罗卜藏丹津起义；十二月，册立乌喇那拉氏为皇后（孝敬宪皇后）
1724	雍正 2 年	甲辰	三月，镇压罗卜藏丹津起义；颁发《圣谕广训》
1725	雍正 3 年	乙巳	诛杀年羹尧
1726	雍正 4 年	丙午	将允禩集团一网打尽
1727	雍正 5 年	丁未	七月，弘历成婚，签订中俄《布连斯奇界约》 九月，签订中俄《恰克图条约》

公元	纪年	干支	重大事件
1728	雍正 6 年	戊申	
1729	雍正 7 年	己酉	设军机房，建立"廷寄"制度
1730	雍正 8 年	庚戌	八月，京西大地震
1731	雍正 9 年	辛亥	九月，孝敬宪皇后去世
1732	雍正 10 年	壬子	将军机房改名办理军机处
1733	雍正 11 年	癸丑	
1734	雍正 12 年	甲寅	
1735	雍正 13 年	乙卯	八月，雍正帝病逝

清高宗纯皇帝　弘历

公元	纪年	干支	重大事件
1736	乾隆 1 年	丙辰	
1737	乾隆 2 年	丁巳	北京患水灾；
			十二月，册立嫡妃富察氏为皇后（孝贤纯皇后）
1738	乾隆 3 年	戊午	平贵州苗疆之乱
1739	乾隆 4 年	己未	
1740	乾隆 5 年	庚申	二月，与准噶尔部议和成功；十二月，彻底平定广西、湖南苗叛
1741	乾隆 6 年	辛酉	
1742	乾隆 7 年	壬戌	
1743	乾隆 8 年	癸亥	
1744	乾隆 9 年	甲子	
1745	乾隆 10 年	乙丑	开始进剿四川瞻对地区的叛乱
1746	乾隆 11 年	丙寅	瞻对之役结束
1747	乾隆 12 年	丁卯	第一次金川之役开启
1748	乾隆 13 年	戊辰	三月，孝贤纯皇后去世
1749	乾隆 14 年	己巳	第一次金川之役结束
1750	乾隆 15 年	庚午	八月，册立皇贵妃乌喇那拉氏为皇后（纯帝继皇后）；安定西藏
1751	乾隆 16 年	辛未	乾隆帝首度南巡
1752	乾隆 17 年	壬申	北京患蝗灾

公元	纪年	干支	重大事件
1753	乾隆 18 年	癸酉	北京患蝗灾
1754	乾隆 19 年	甲戌	
1755	乾隆 20 年	乙亥	
1756	乾隆 21 年	丙子	
1757	乾隆 22 年	丁丑	乾隆帝二次南巡
1758	乾隆 23 年	戊寅	
1759	乾隆 24 年	己卯	北京患旱灾；平定回疆叛乱
1760	乾隆 25 年	庚辰	二月，图尔都之妹霍卓氏（容妃）入宫，封和贵人；十月，颙琰诞生 北京患蝗灾
1761	乾隆 26 年	辛巳	
1762	乾隆 27 年	壬午	乾隆帝第三次南巡；设伊犁参赞大臣
1763	乾隆 28 年	癸未	
1764	乾隆 29 年	甲申	五月，册封和贵人为容嫔
1765	乾隆 30 年	乙酉	乾隆帝第四次南巡
1766	乾隆 31 年	丙戌	六月，予故郎世宁侍郎衔；七月，纯帝继皇后薨，以皇贵妃礼葬
1767	乾隆 32 年	丁亥	
1768	乾隆 33 年	戊子	十月，册封容嫔为容妃
1769	乾隆 34 年	己丑	
1770	乾隆 35 年	庚寅	北京患水灾
1771	乾隆 36 年	辛卯	北京患水灾；第二次金川之役开启；土尔扈特部重返祖国
1772	乾隆 37 年	壬辰	
1773	乾隆 38 年	癸巳	开馆纂修《四库全书》
1774	乾隆 39 年	甲午	四月，颙琰成婚；始修《日下旧闻考》
1775	乾隆 40 年	乙未	正月，令懿皇贵妃（嘉庆生母）去世
1776	乾隆 41 年	丙申	第二次金川之役结束
1777	乾隆 42 年	丁酉	正月，崇庆皇太后崩，追尊孝圣宪皇后（乾隆生母）
1778	乾隆 43 年	戊戌	
1779	乾隆 44 年	己亥	

公元	纪年	干支	重大事件
1780	乾隆 45 年	庚子	北京患水灾；乾隆帝第五次南巡
1781	乾隆 46 年	辛丑	
1782	乾隆 47 年	壬寅	八月，旻宁诞生
1783	乾隆 48 年	癸卯	
1784	乾隆 49 年	甲辰	乾隆帝第六次南巡
1785	乾隆 50 年	乙巳	始刻《日下旧闻考》
1786	乾隆 51 年	丙午	
1787	乾隆 52 年	丁未	《日下旧闻考》刻成出书
1788	乾隆 53 年	戊申	
1789	乾隆 54 年	己酉	
1790	乾隆 55 年	庚戌	
1791	乾隆 56 年	辛亥	
1792	乾隆 57 年	壬子	《十全武功记》写成；与俄签订《恰克图市约》
1793	乾隆 58 年	癸丑	制定《钦定藏内善后章程》；英使马戈尔尼访华；北京患鼠疫
1794	乾隆 59 年	甲寅	北京患水灾
1795	乾隆 60 年	乙卯	正月，湘黔苗民起义爆发八月，追尊令懿皇贵妃为孝仪纯皇后

清仁宗睿皇帝 颙琰

公元	纪年	干支	重大事件
1796	嘉庆 1 年	丙辰	正月，喜塔腊氏册立为皇后（孝淑睿皇后）
1797	嘉庆 2 年	丁巳	二月，孝淑睿皇后病逝；平定湘黔苗民叛乱
1798	嘉庆 3 年	戊午	
1799	嘉庆 4 年	己未	正月，乾隆太上皇去世
1800	嘉庆 5 年	庚申	
1801	嘉庆 6 年	辛酉	正月，钮祜禄氏册立为皇后（孝和睿皇后）；六月，北京巨洪灾，圆明园宫门内外顿积水
1802	嘉庆 7 年	壬戌	
1803	嘉庆 8 年	癸亥	
1804	嘉庆 9 年	甲子	北京患蝗灾
1805	嘉庆 10 年	乙丑	

公元	纪年	干支	重大事件
1806	嘉庆 11 年	丙寅	
1807	嘉庆 12 年	丁卯	
1808	嘉庆 13 年	戊辰	潮白河、温榆河大水；旻宁成婚
1809	嘉庆 14 年	己巳	
1810	嘉庆 15 年	庚午	
1811	嘉庆 16 年	辛未	
1812	嘉庆 17 年	壬申	
1813	嘉庆 18 年	癸酉	
1814	嘉庆 19 年	甲戌	
1815	嘉庆 20 年	乙亥	
1816	嘉庆 21 年	丙子	
1817	嘉庆 22 年	丁丑	北京患旱灾
1818	嘉庆 23 年	戊寅	
1819	嘉庆 24 年	己卯	大水
1820	嘉庆 25 年	庚辰	七月，嘉庆帝驾崩，追尊钮祜禄氏为孝穆成皇后，孝和睿皇后尊封为皇太后

清宣宗成皇帝 旻宁

公元	纪年	干支	重大事件
1821	道光 1 年	辛巳	北京患水灾，爆发霍乱
1822	道光 2 年	壬午	北京患水灾；十一月，佟佳氏册立为皇后（孝慎成皇后）
1823	道光 3 年	癸未	北京患水灾
1824	道光 4 年	甲申	北京患蝗灾
1825	道光 5 年	乙酉	北京患蝗灾
1826	道光 6 年	丙戌	
1827	道光 7 年	丁亥	
1828	道光 8 年	戊子	
1829	道光 9 年	己丑	
1830	道光 10 年	庚寅	
1831	道光 11 年	辛卯	六月，奕詝诞生

公元	纪年	干支	重大事件
1832	道光 12 年	壬辰	北京患旱灾
1833	道光 13 年	癸巳	四月，孝慎成皇后逝世
1834	道光 14 年	甲午	北京患水灾；十月，钮祜禄氏册立为皇后（孝全成皇后）
1835	道光 15 年	乙未	
1836	道光 16 年	丙申	
1837	道光 17 年	丁酉	
1838	道光 18 年	戊戌	
1839	道光 19 年	己亥	林则徐虎门销烟
1840	道光 20 年	庚子	正月，孝全成皇后病逝；鸦片战争爆发
1841	道光 21 年	辛丑	广州三元里人民痛击英军侵略者
1842	道光 22 年	壬寅	签订中英《南京条约》，鸦片战争结束
1843	道光 23 年	癸卯	
1844	道光 24 年	甲辰	签订中美《望厦条约》、中法《黄埔条约》
1845	道光 25 年	乙巳	
1846	道光 26 年	丙午	
1847	道光 27 年	丁未	奕詝成婚
1848	道光 28 年	戊申	昌平、顺义、密云、通州等处患水灾
1849	道光 29 年	己酉	腊月，孝和睿皇太后薨
1850	道光 30 年	庚戌	正月，道光帝驾崩，追尊萨克达氏为孝德显皇后

清文宗显皇帝 奕詝

公元	纪年	干支	重大事件
1851	咸丰 1 年	辛亥	金田起义爆发，太平天国建立
1852	咸丰 2 年	壬子	六月，钮祜禄氏册立为皇后（孝贞显皇后）
1853	咸丰 3 年	癸丑	太平天国定都天京，颁布《天朝田亩制度》
1854	咸丰 4 年	甲寅	
1855	咸丰 5 年	乙卯	六月，康慈皇太后病逝（奕詝养母，奕䜣生母）；八月，追尊康慈皇太后为孝静成皇后；北京大蝗灾
1856	咸丰 6 年	丙辰	二月，载淳诞生；天京事变，第二次鸦片战争爆发；北京大蝗灾
1857	咸丰 7 年	丁巳	北京大蝗灾

公元	纪年	干支	重大事件
1858	咸丰 8 年	戊午	清政府分别与英、法、美、俄签订《天津条约》；北京大蝗灾
1859	咸丰 9 年	己未	洪仁玕向洪秀全进呈《资政新篇》；北京患旱灾
1860	咸丰 10 年	庚申	清政府分别与英、法、俄签订《北京条约》，第二次鸦片战争结束
1861	咸丰 11 年	辛酉	七月，咸丰帝去世，懿贵妃尊封为慈禧太后（同治生母）； 北京政变，总理衙门成立

清穆宗毅皇帝 载淳

公元	纪年	干支	重大事件
1862	同治 1 年	壬戌	四月，孝贞显皇后尊为慈安太后；京师同文馆成立；北京爆发痘疹
1863	同治 2 年	癸亥	
1864	同治 3 年	甲子	天京沦陷，太平天国运动失败
1865	同治 4 年	乙丑	
1866	同治 5 年	丙寅	
1867	同治 6 年	丁卯	北京大旱
1868	同治 7 年	戊辰	
1869	同治 8 年	己巳	
1870	同治 9 年	庚午	
1871	同治 10 年	辛未	六月，载湉诞生；北京患水灾
1872	同治 11 年	壬申	北京患水灾；九月，阿鲁特氏册立为皇后（孝哲毅皇后）； 十月，同治帝大婚
1873	同治 12 年	癸酉	北京患水灾
1874	同治 13 年	甲戌	腊月，同治帝去逝

清德宗景皇帝 载湉

公元	纪年	干支	重大事件
1875	光绪 1 年	乙亥	二月，孝哲毅皇后崩；北京大旱
1876	光绪 2 年	丙子	北京大旱；左宗棠出兵新疆
1877	光绪 3 年	丁丑	北京大旱
1878	光绪 4 年	戊寅	北京大旱；清军收复新疆
1879	光绪 5 年	己卯	
1880	光绪 6 年	庚辰	
1881	光绪 7 年	辛巳	三月，慈安皇太后薨

公元	纪年	干支	重大事件
1882	光绪 8 年	壬午	
1883	光绪 9 年	癸未	北京大水；中法战争爆发
1884	光绪 10 年	甲申	
1885	光绪 11 年	乙酉	镇南关大捷，中法战争结束
1886	光绪 12 年	丙戌	
1887	光绪 13 年	丁亥	
1888	光绪 14 年	戊子	
1889	光绪 15 年	己丑	正月，光绪帝大婚，叶赫那拉·静芬册立为皇后（孝定景皇后）
1890	光绪 16 年	庚寅	北京遭受巨洪灾
1891	光绪 17 年	辛卯	北京遭受巨洪灾
1892	光绪 18 年	壬辰	北京遭受巨洪灾
1893	光绪 19 年	癸巳	北京遭受巨洪灾
1894	光绪 20 年	甲午	北京遭受巨洪灾；黄海海战，甲午中日战争爆发
1895	光绪 21 年	乙未	中日《马关条约》签订，甲午中日战争结束
1896	光绪 22 年	丙申	
1897	光绪 23 年	丁酉	
1898	光绪 24 年	戊戌	戊戌变法
1899	光绪 25 年	己亥	北京患旱灾
1900	光绪 26 年	庚子	廊坊之战，义和团运动高潮；八国联军侵华战争
1901	光绪 27 年	辛丑	签订《辛丑条约》
1902	光绪 28 年	壬寅	
1903	光绪 29 年	癸卯	
1904	光绪 30 年	甲辰	
1905	光绪 31 年	乙巳	中国同盟会成立
1906	光绪 32 年	丙午	
1907	光绪 33 年	丁未	
1908	光绪 34 年	戊申	十月，光绪帝和慈禧太后先后去世

附录 2　　复原研究分期表

序号	时期简称	相关范围	公元纪年	年限	基准时间点	基础依据
[1]	康熙年间	康熙 46~61 年	1707-1722	16y	康熙 60 年	园景 12 咏
[2]	雍正朝	雍正 1 年～乾隆 2 年	1723-1737	15y	雍正 13 年	彩绘绢本 40 景（部分）
[3]	乾隆早期	乾隆 3~20 年	1738-1755	18y	乾隆 9 年	木刻板＋彩绘绢本 40 景＋奏折档案
[4]	乾隆中期	乾隆 21~40 年	1756-1775	20y	乾隆 40 年	样 1704 大总图底稿 / 日下旧闻考、同期奏折档案
[5]	乾嘉时期	乾隆 41 年～嘉庆 3 年	1776-1798	23y	乾隆 60 年	奏折档案
[6]	嘉庆时期	嘉庆 4~25 年	1799-1820	22y	嘉庆 16 年	样 1370 图等及奏折档案等
[7]	道光中前期	道光 1~20 年	1821-1840	20y	道光 20 年	样 1196 河道图等及奏折档案等
[8]	道咸时期	道光 21 年～咸丰 10 年	1841-1860	20y	咸丰 10 年	样 1203 大总图及奏折档案等
[9]	庚申劫后	咸丰 11 年～同治 11 年	1861-1872	12y	咸丰 11 年	焚烧后记录
[10]	同治重修	同治 12~13 年	1873-1874	2y	同治 13 年	同治重修记录及图纸、烫样
[11]	清末民国	光绪 1 年～民国	1875-1949	75y	光绪 23 年	光绪重修记录及图纸、烫样
[12]	初步整理期	建国后至开放前	1950-1985	36y	1985 年	东部现状遗址详勘
[13]	考古遗址	1986 至今	1986-	>25y	2004 年	考古勘察、发掘资料及遗址详勘

附录 3　复原准确度评价标准表

准确度	说明	基础依据
100%	建筑造型完全准确，各细部做法准确	全部信息完整掌握（遗存完整，四十景图，详细的样式雷图，文献、档案证明）
90%	准确地确定平面和立面的形式与尺寸，建筑细部，门窗装修，油饰彩画与匾额的颜色及做法等	详细的样式雷分景图和40景图反映出建筑平面格局和立面的主体形象，门窗形式；遗址清晰显示出平面基本信息，建筑的残损构件，实测出平面尺寸，柱径，考古报告反映出建筑的相关遗存，相关的文献记载反应出建筑各部的相关做法等
75%	准确地确定平面的形式与尺寸，立面形式；根据圆明园则例计算出建筑的立面尺寸，平面细部；大体推测出油饰彩画的颜色及做法	40景图表现出建筑平面格局和立面形象；遗址显示出平面基本信息，实测出平面尺寸
50%	可确定平面＋立面形式，根据制图比例推测平面＋立面全部尺寸，依据常规做法或相关做法推测建筑细部做法	40景图和样式雷图反应出较丰富的平面＋立面形象，无尺寸标注
15%	大致平面形式，根据制图比例推测平面尺寸，依据常规做法或相关做法推测建筑形式	样式雷总图反映出平面格局，无尺寸标注

附录4　　相关御制诗文汇编

●胤禛《湖亭观荷》 康熙年间《钦定四库全书•世宗宪皇帝御制文集》卷二十五

馆宇清幽晓气凉，更宜潋荡对烟光。湖平水色涵天色，风过荷香带叶香。戏泳金鳞依密荇，低飞银练贴芳塘。
兰桡折取怜双蒂，殊胜陈隋巧样妆。

●雍正《雨后湖亭看月》 雍正五年《钦定四库全书•世宗宪皇帝御制文集》卷二十九

鄙听秦声却楚优。每于山水暂淹留。翠含宿雨千竿竹。高出层云百尺楼。湖影远浮随棹月。柳塘斜系钓鱼舟。
坐深暑退凡情爽。一片清光入镜流。

●雍正《沿湖游览至菜圃作》* 雍正五年《钦定四库全书•世宗宪皇帝御制文集》卷二十九

一行白鹭引舟行。十亩红蕖解笑迎。叠涧湍流清俗念。平湖烟景动闲情。
竹藏茅舍疏篱绕。蝶聚瓜畦晚照明。最是小园饶野致。菜花香里辘轳声。

●雍正《立秋前二日游湖亭》 雍正十一年《钦定四库全书•世宗宪皇帝御制文集》卷三十

放情幽兴付渔蓑。潇洒林亭乐太和。每踏芳丛寻古句。
闲乘小艇泛清波。烟凝翠黛山疑雾。风蹙斜纹水似罗。
深砌蛩鸣残暑退。高梧蝉噪晚凉多。炎云渐敛秋将近。
雾景才看夏欲过。静听菱歌音韵好。何须箫鼓济汾河。

●乾隆《夏日御园闲咏》* 乾隆七年《钦定四库全书•御制诗集》初集卷九

几暇登楼畅远襟。喜因南亩足甘霖。松篁籁静青含润。谿壑云生翠欲沉。鱼唼花红浮水面。蜗盘藓绿匝阶心。
篆凝金字澄怀永。物理民情独自斟。

霁后园林夏似秋。瀼瀼仙掌露华流。溪声滑笏添新涨。山色疏眉入小楼。疑有片云生晚岫。谁撑扁舫破烟洲。
昼长赢得清吟兴。不觉难人报午筹。
风槐烟柳绿成帷。影度纱棂午日迟。暂向几余闲学草。偶因吟罢亦敲棋。曲池新涨分鱼子。碧宇高空放鹤儿。
最爱子西传好句。依稀山静小年时。
偶泛扁舟晚濑明。风摇芦荻洒然清。一天佳景谁为领。几个闲鸥自作盟。山木无言偏得意。野花有分亦敷荣。
溪田爱看新秧苗。绿水平畴正好耕。
相风金凤尾当南。绿满文窗生意含。画永花香醺似醉。雨收天色碧于蓝。行看鱼鸟闲来适。坐拥诗书静里耽。
日暮池边还徒倚。一钩新月镜中涵。
清晖阁畔几株松。著雨虬枝绿更浓。每爱涛声吹谡谡。常看盖影荫重重。轩窗静对含朝爽。乌鹊归飞带夕春。
陆叶山花纷斗艳。坚贞只拟待三冬。
壶天佳景入窗纱。翠幄千层衬彩霞。林壑画图疑伯虎。池塘鼓吹奏官蛙。天光云影供诗料。鸟语花香长道芽。
讵乐萧闲弛乾惕。忧心时切万民家。
绿润红浇景倍新。寻常行处草铺茵。鸟鸽花片惊眠蝶。鱼傍蒲根避钓人。漫拟闲情吟九夏。那堪忧思度三春。
公田雨足心差慰。生物从知天地仁。

●乾隆《上下天光》 乾隆九年《钦定四库全书·御制诗集》初集卷二十二

垂虹驾湖，蜿蜒百尺，修栏夹翼，中为广亭，穀纹倒影，滉漾楣槛间。凌空俯瞰，一碧万顷。不啻胸吞云梦。
上下天水一色。水天上下相连。河伯夙朝玉阙。浑忘望若昔年。

●乾隆《御园雪霁》* 乾隆二十三年《钦定四库全书·御制诗集》二集卷七十五

宿霭轻阴蕴酿晴。紫澜不作日华晶。御园纵是迟灯火。已听烟村窗吹声。
腊前已快沾三白。春后偏欣继六花。消得慰心畅行庆。翻因心慰畏尤加。
楼头积素双层叠。冰上寒光一色交。督课扫收培树本。恩膏率为惜虚抛。
缀枝著叶蕊珠凝。一带西山列玉崚。霭色烟姿浑是画。画中得句昨年曾。去冬香山曾有积雪之句

●乾隆《湖楼晚眺，景物鲜奇，吟玩成篇即书壁上》 乾隆二十四年《钦定四库全书·御制诗集》二集卷八十八

天垂霞脚水澄烟。天水空明相与鲜。恰著高楼临玉岸。似游悬圃望银田。虹如博带匪伊束。月是古钩特地娟。

墨汁金壶待书壁。沧池容与漫开船。

●嘉庆《上下天光》 嘉庆三年《清仁宗御制诗》初集卷十八

碧徹澄空敞，清光印水宽。风回叠绿绮，日射漾金澜。波阔虚奁展，尘消明镜观。安心欲如是，鉴物得其端。

●嘉庆《湖亭午眺》 嘉庆八年《清仁宗御制诗》初集卷四十六

波光千顷槛前收，水面风来夏似秋。鸟语蝉声相唱和，浪花云影互沉浮。授时农事年祈稔，厪念民艰政茂修。
景物清佳何暇咏，慎思操楫喻行舟。

●嘉庆《御湖晚泛》* 嘉庆九年《清仁宗御制诗》二集卷四

碧林晃朗翔金鸟，明霞回映五色敷。水天溶漾妙莫测，缓放兰桡泛后湖。忘机鸥鹭立汀畔，乍转东溪云锦烂。
方塘十亩遍芙蕖，渐觉幽芬来鼻观。御园经始岁月多，子孙奕叶沾恩波，九州清晏慰素愿，民安物阜鼓太和。
我朝世德作求以沦浃民心感乎，天泽缅思，御园经始于世宗先忧后乐，所以九州清晏、保合太和，命名之意，
祖宗贻厥，子孙心传提命，虽一游，目对时不忘于临观之旨也，因晚泛而抒怀辄申其义于此。

●嘉庆《御湖晴泛》* 嘉庆十一年《清仁宗御制诗》二集卷二十一

天光容与印晴波，遥蘸浮岚滴翠螺。试放扁舟溯芳渚，凉飔拂暑爱清和。
櫂翻波影曲尘开，一碧澄虚明镜恢。鸥鹭忘机浴浅浪，霞辉荷浦远香来。

●嘉庆《后湖晚泛》* 嘉庆十二年《清仁宗御制诗》二集卷三十

西林绚斜阳，玲珑印金碧。解缆泛平湖，清飔浪花拍。渐识炎暑除，新凉欣顷益。嘒嘒蝉韵清，和答柳溪隔。

* 虽然没有准确点题，但推测诗文描绘的是"上下天光"周边景致，故一并收录于此。

弭棹赤栏傍，山气爱向夕。转觉放光明，层楼上圆璧。

●道光《涵月楼对月即事》 道光七年《清宣宗御制诗》初集卷二十

澄霁秋中碧落宽，波含明镜浸光寒。烟开岸角银千顷，风定湖心玉一盘。偶凭高楼看月朗，还欣九曲庆澜安。凯旋善后期长治，咨度筹边寸虑殚。

●道光《涵月楼对月述怀》 道光八年《清宣宗御制诗》初集卷二十四

澄清玉宇逢三五，一鉴悬空映绮楼。树影苍茫云影净，湖光皎洁月光浮。丝纶宜慎期无悔，稼穑全登庆有秋。瞻仰琼输殷戒满，乂安率土荷天休。

●咸丰《上下天光即景述感》 咸丰五年《清文宗御制诗集》卷五

远望高楼峙镜中，平湖放棹御微风。天光上下云光合，波影东西雾影笼。愁绾长杨犹得得，泪添秋雨更濛濛。六如漫拟平生欤，回忆庚年倍怆衷。

●咸丰《泛舟至上下天光即景》 咸丰五年《清文宗御制诗集》卷五

御苑秋来似画图，晚凉好泛月波舻名船。扬舲清浅波生渚，倚槛澄华月满湖。饶有清飔天末起，可无佳咏静中娱。疏林雨后山争出，粉本经营倩手摹。

●咸丰《上下天光对雨》 咸丰六年《清文宗御制诗集》卷六

平湖鹜望夏如秋，竟日滂沱洒未休。烟色四围迷远岸，泉声万斛泻高楼。云飞南浦情无极，帘卷西山句好酬。千里阴晴虽有异，久征将士使予愁。

附录5　　　相关文献档案汇编

●《日下旧闻考》

于敏中等编撰《日下旧闻考·卷八十·国朝苑囿·圆明园一》，北京古籍出版社，2000 年：1339-1340 页。

慈云普护之西临湖有楼，上下各三楹，为上下天光。左右各有六方亭，后为平安院。

上下天光，四十景之一也。额为皇上御书。联曰：云水澄鲜，一幛波光开罨画。烟岚杳霭，四围山色浸分奁。亦御书。右六方亭额曰饮和，及平安院额皆世宗御书。左六方亭额曰奇赏，皇上御书。

乾隆九年御制上下天光诗：垂虹驾湖，蜿蜒百尺，修栏夹翼，中为广亭，縠纹倒影，涴漾楣槛间。凌空俯瞰，一碧万顷。不啻胸吞云梦。上下天水一色。水天上下相连。河伯夙朝玉阙。浑忘望若昔年。

●《圆明园匾额清单》（乾隆四十七年至嘉庆十六年间）*

《中国营造学社汇刊·第二卷·第一册》知识产权出版社，2006 年；圆明园匾额清单，5 页。

中六　匾二十一面　外十三　内二　石六

上下天光（外）　饮和（外）　奇赏（外）　平安院（外）

●《圆明园匾额略节》（道光十六年至二十九年间）

中国圆明园学会主编《圆明园（第2辑）》，中国建筑工业出版社，2007 年；47 页。

上下天光（外檐），清华朗润（内檐），养源书屋（内檐），安详澹静（内檐），冷然善也（内檐），有真赏在（内檐），鉴空明（内檐），涵月楼（内檐）。

●《清升平署存档事例漫抄》（嘉庆－同治）
清华大学图书馆藏善本

* 时间由乾隆四十七年挂讫的"知过堂"，嘉庆十六年改建平湖秋月的"镜远洲"（内）来推断。

端午

五月初五日　涵月楼酒宴承应奉敕除妖祛邪应节　酉初开戏，酉初三刻毕（道光八年恩赏档）　卷一，九

中秋

八月十五日　涵月楼酒宴承应　酉初二刻二分开戏，酉正二分戏毕　霓裳献舞，金定愈夫，酉初供月（道光七年恩赏旨意承应档）　卷一，十

皇太后万寿

八月初十日　涵月楼酒宴承应　行围得瑞一分　酉初开戏，酉初三刻戏毕（道光七年恩赏旨意承应档）卷二，七

八月初十日　涵月楼酒宴承应　行围得瑞　戏舞称觞　酉初开戏，酉初三刻戏毕（道光八年恩赏档）卷二，七

皇后千秋

五月十七日　涵月楼酒宴承应　酉初一刻开戏，酉正十分戏毕　平安如意十分，探亲相骂　陈进朝　马庆寿　三刻五分（道光八年恩赏档）卷二，九

● 《清代档案史料——圆明园》

中国第一历史档案馆编，上海古籍出版社，1991年。补版本信息

雍正四年六月十五日（油漆作）（P:1175-1176）

据圆明园来帖内称，首领太监李统忠交御笔："序天伦之乐事"匾文一张，系牡丹台的。"静明居"匾文一张，"花萼交辉"匾文一张，"天真可佳长"匾文一张，系深柳读书堂的。"芰荷深处"匾文一张，"饮和"匾文一张，"采芝径"匾文一张，"双鹤斋"匾文一张，"深柳读书堂"匾文一张，"环秀山房"匾文一张，"知鱼"匾文一张，（系如意馆的）。"桃花春一溪"匾文一张，"净知春事佳"匾文一张，"天然图画"匾文一张，"翠柏苍松"匾文一张，"竹深荷净"匾文一张，"瑞应宫"匾文一张，（系龙王庙的）。"和感殿"匾文一张，"晏安殿"匾文一张，"恩光仁照"匾文一张，（系斗坛的）。"杏花春馆"匾文一张，（系菜圃的）。"桃花洞"匾文一张，"栖霞"匾文一张，"杏花村"匾文一张，"松柏室"匾文一张，（系南所的）。"洞里春长"匾文一张，（系西南所的）。传旨：着配合做匾。钦此。

于五年二月初七日做得各式彩画木匾二十六面，催总马尔汉持去送至圆明园，交催总吴花子、领催李三、周二等悬挂讫。

雍正十三年三月初十日（撒花作） (P:1240)

据圆明园来帖内称，首领太监窦泰来说，总管太监王进玉传：平安院宝座上安银耳挖二枝。记此。于本日将备用银耳挖二枝交首领太监窦太持去讫。

乾隆三十五年《总管内务府奏上下天光六方亭亭柱歪扭议处管工官员折》（P:144-145）

（乾隆三十五年七月初九日）

总管内务府谨奏，为议处事。

乾隆三十五年六月十七日，准奉辰苑咨呈，经和硕额驸福隆安谨奏，上下天光两边六方亭湾转桥栏杆，实属歪扭，但此项甫经黏修见新，栏杆即有歪扭之处，实乃该监督等漫不经心所致，殊属不合。除将栏杆歪扭之处即令该员等妥固修理整齐外，仍请将苑丞徵（zhī）瑞、苑副阿尔邦阿交内务府议处，以示惩戒。等因。于乾隆三十五年闰五月二十七日具奏，奉旨：知道了。钦此。又，经副都统和尔经额奏称，上下天光六方亭湾转桥栏杆黏修油饰，原系奴才和尔经额率同该员等监修之工，其栏杆既有歪扭之处，即应将亭座一律详勘，并未将亭柱歪扭情形查出，实属糊涂。今奴才和尔经额详细查看六方亭柱子歪扭寸馀，缘此亭柱木之下管脚榫承重间有糟朽，以致松卸，即经拨正，亦不能经久。应将糟朽承重另行更换，始能端正妥固。所有此次换安承重、拨正修理应需工料，及前此黏修所费银两，俱不开销。仰肯皇上天恩，俟逾伏汛大雨时行之后，奴才和尔经额即率该监督等敬谨赔修。其监督苑丞徵瑞、苑副阿尔邦阿已于前折奏交议处外，今请将奴才和而经额一并交内务府议处。等因。于乾隆三十五年闰五月二十八日具奏。奉旨：知道了。钦此钦遵。等因，咨呈到臣衙门。

除该工应需工料银所费业经该大臣等奏准俱不准开销外，查苑丞徵瑞等均系承办上下天光两边六方亭湾转桥栏杆之监督，理宜督率匠役等妥协如法修理，乃该监督等漫不经心，一任匠役等草率完工，以致亭柱桥栏杆歪扭，实属不合。苑丞徵瑞、苑副阿尔邦阿均应照造作不如法者笞四十律，各笞四十，系官，各罚俸六个月。至副都统和尔经额系总理该工事务之大臣，乃并未董率稽查，以致亭柱桥栏歪扭，疏忽之咎，亦所难辞。副都统和尔经额应照疏忽例，罚俸三个月。查和尔经额系革职留任之员，无俸可罚，其罚俸三个月之处照例注册。徵瑞等有无记录，俟命下之日另行查明，照例办理可也。为此谨奏请旨。等因。

缮折，交与奏事员外郎诚善等转奏，奉旨：知道了。钦此。

（内务府奏销档）

乾隆四十三／四十六年 《和珅等奏销算春雨轩赏趣殿等处园工银两（附清单）》（P:240-242）

（乾隆四十六年十二月十二日）

天地一家春、坦坦荡荡、上下天光，碧桐书院、舍卫城各等处桥梁三十九座黏修，用过工料银四百五十七两九钱二分。（P:240-241）

九洲清晏、春雨轩、韶景轩、五福堂、坦坦荡荡、长春仙馆、御兰芬、上下天光、慎修思永、万方安和、桃花坞、清净地、山高水长、佛楼、安佑宫、藻园、芰荷香、西峰秀色、安澜园、舍卫城、平湖秋月等处捞堆坍塌山石泊岸，勾抿油灰、用过工料银一百四十两四钱二分九厘。（P:242）

（乾隆四十六／四十七年）《额尔锦为查覆园内殿宇楼台等工程银两呈稿》（P:251-253）

（乾隆四十七年）

员外郎额尔锦呈为呈明查覆事。

职奉堂派查的管理圆明园长春园事务大臣和等具奏，报销圆明园内等处殿宇、楼台、亭座、游廊、净房共八十三座，计三百三十一间，内挑换柱木、枋、桁拆盖者八间，拆瓦头停、挑换椽望者三百二十三间；又库房、值房十七座，计六十八间，铺面房四十三间，俱拆瓦头停，挑换椽望；铺面拍子、牌楼一百十一间黏修，挑换糟朽木植；南船坞十三间，拆盖前廊，挑换柱木、椽望，拆瓦头停；拆修八方树架二座、藤萝架一座、旗杆四座；黏补桥梁十六座，并宫门外围诸旗房二十九座，计八十五间，内挑牮拨正、挑换柱木、枋、桁，拆瓦头停者七十八间，拆砌山、檐、槛墙者七间，器皿库房十五间，花洞、养花房八间，六十间房库房五十三间，闸军房五间；征租铺面房三十三间，俱拆瓦头停，挑换椽望。又，长春园内殿宇、亭座、游廊五座，计十六间，拆瓦头停，挑换椽望者十五间，头停夹陇捉节者一间；谐奇趣西洋牌楼一座，挑换承重枋、桁、拆瓦头停，栅栏门二十扇、六方树架四座，挑换木植；锡水海三座，回打锡片；宫门左右门内曲尺板墙二道，挑换木植，黏修桥二座。又熙春园内殿宇、亭座、游廊房间共十四座，计四十三间，内拆盖者一间，拆瓦头停，挑换椽望者四十二间；以及宫内拆安阶条踏跺，找砌墀头山尖。又，绮春园内亭座游廊房间共六座，计十二间，拆瓦头停，挑换枋、桁，抽换柱子，挑换角梁、椽望；库房一座，计三间，拆瓦头停，等项工程用过工料银两仍请交与内务府大臣查核。等因。于乾隆四十六年十二月十二日具奏。奉旨：知道了。钦此。

职遵即前往各该工，逐一详细复查得：九洲清宴、乐安和、韶景轩宫门、静通斋、五福堂、桃花春一溪、坦坦荡荡、春雨轩、吟籁亭、杏花春馆、平安院、慈云普护东西游廊、秀木佳荫、秀清村、活画舫、扇薰榭、如意馆、后天不老、夹镜鸣琴、湖山在望敞厅、双鹤斋、廓然大公、同乐园、松风阁＊佛楼、极乐世界、瑞应宫、清净地东西佛堂、万方安和、小隐栖迟平台净房、河西岸山口内库房、安佑宫周围大墙、汇芳书院、眉月轩、十三所内二所、九所、十一所、皆春阁、观音庵、天宇空明、慎修思永、芰荷深处、絜矩亭、多稼轩、寸

＊疑此处遗漏顿号

碧亭、舍卫城铺面楼房、鱼跃鸢飞、关帝庙、蚕房、方壶胜境、三潭印月、西边库、澹泊宁静、松风阁、南船坞、西船坞、库房；圆明园外围诸旗房、器皿库库房、六十间房库房、花洞库房、菊花房夹皮墙、海甸征租铺面房；长春园内玉玲珑馆、如园、挹泉榭、谐奇趣、大宫门内曲尺影壁；熙春园内大宫门、中所宫门、西挎所东边四方亭、前所藻德居、莹德堂、后所对云楼；绮春园内明善堂、正觉寺、四方亭、五孔闸、六方亭、乐水山房土山、清吟书屋各等处所做之工，共计销算银一万九千六百六十六两六分三厘。内除领官厂木植银六千八十八两二钱三分八厘，本座旧木植抵银五百十二两五厘， 估外出运渣土、清理地面实用银九百二十七两二钱七分七厘，通共销算银一万三千九百九十三两九分七厘，查员核减银八百六十一两五分三厘，净销工料银一万三千一百三十二两四分四厘。按依清单做法，并用过银两逐一详细斟核，除实用工料银两照依原呈报数目准销外，其馀各座做法工料银两均属与例相符。理合呈明，伏候堂台批准，交堂备案可也。为此具呈。

（内务府堂呈稿）

乾隆五十五年《和珅等奏销算安佑宫等处园工银两折（附清单）》（P:314-324）

（乾隆五十七年十二月二十五日）

五福五代堂过水格漏一道，黏补木植，挑换板凳、木踏跺、里锭铁叶；上下天光前黏修木码头一座，找补油饰，并九洲清晏、乐安和、清晖阁、天地一家春等处黏修勾滴，收拾地面、砖甬路、散水，堆做坍塌山石高峰、云步，勾抹水灰、油灰，并黏补供案，天花、板墙线缝，铺设地毡、凉席，成做靠背，修缝雨搭等项，用过工料银一百五十三两五钱三厘。（P:317-318）

乾隆五十八年工程／嘉庆元年奏销《和珅等奏销算西峰秀色等处园工银两摺（附清单）》（P:380-389）

上下天光楼前面拆修临河月台一座五间，木码头一座，乐安和并欢喜佛场殿前拆修藤萝架二座，计七间，兰室殿前黏修明瓦鼓棚一间，俱挑换木植；涵德书屋月台上拆安花砖栏板，并九洲清晏等处各座殿宇、游廊黏补横楣、栏杆，添补沟滴，收拾点景山石高峰，以及油饰等项，用过工料银六百十三两八钱八分六厘。（P:383-384）

乾隆五十九年工程／嘉庆元年奏销《和珅等奏销算春雨轩等处园工银两折（附清单）》（P:393-404）

（嘉庆元年十二月初四日）

春雨轩大殿东山游廊一座，计四间，赏趣殿一座，计三间，前檐游廊一间，平安院并杏花村值房四座，计九间，俱拆瓦头停，挑换椽望，黏补装修，拆安阶条，拆砌山、檐、槛墙，拆墁地面；鼓棚三间，拆做头停，挑换排椽板，满换博缝板，以及找补油饰、裱糊等项，用过工料银四百八十二两八钱二分九厘。（P:394）

咸丰十年《咸丰九年旨意档》（P:1065-1067）

十一月二十九日

王总管传旨：上下天光北面楼下西北角，照样式尺寸式样添安楼梯。再，课农轩挪安槅断照样式添帘架，今冬添安。钦此。（P:1067）

咸丰十年《咸丰十年旨意档》（P:1068-1070）

二月二十一日

王总管传旨：上下天光天棚加进深，换柁板拉，西面安趄廊，南面安夹布帐三架，俱照样式尺寸成做。再，敷春堂东所常嫔下房南院西头改搭灰棚一间，成嫔正房后院西头改搭灰棚一间，首领太监下房内添搭糙炕四铺，内糙糊饰五间。钦此。（P:1068-1069）

又三月二十七日

王总管传旨：清晖堂明间南床上素玻璃照背一座，挪安上下天光楼上明间，面南安，安鉄拉扯，其清晖堂撤下照背床缺，着该路放好床，毡席着衣库、毡库放好。钦此。（P:1069）

咸丰十年十月《明善奏查得圆明园内外被抢被焚情形折》（P:573-576）

（咸丰十年十月初四日）

三品顶戴总管内务府大臣奴才明善跪奏，为遵旨查得圆明园内外被抢、被焚情形，恭折奏闻，仰祈圣鉴事。

窃奴才正在查办间，于九月二十五日恭接九月十八日奉朱笔：著总理行营王、大臣传谕明善，令伊在园经理一切，并会同王春庆等收集众太监妥为安置，应赴行在者赴行在，并将两次被抢、被焚情形详细察访具奏，若尚有办理之件，即令明善在园庭附近地方居住，若无事可办，即驰赴热河，将应赴行在之太监带来。钦此。

奴才遵即会同总管王春庆，并率领圆明园郎中景绂、庆连、员外郎锡奎、六品苑丞广淳，并各园各路达他等前往三园内逐座详查：九洲清晏各殿、长春仙馆、上下天光、山高水长、同乐园、大东门均于八月二十三日焚烧。（P:573-574）

同治十二年《奕誴等奏为择吉供梁折（附红单）》 (P：641~642)

（同治十二年十一月十八日）

管理钦天监事物和硕惇亲王臣奕誴等谨奏，为遵旨敬谨选择供梁吉期，恭折仰祈圣鉴事。

同治十二年十一月十六日，臣奕誴面奉谕旨，于年前选择供梁吉期，五六日缮写红面清单具。等因钦此。臣等遵旨率同漏刻科司员，敬谨择得吉期六日，敬缮红单恭呈御览。为此谨奏。

附 红单

谨择得供梁二十三处清单：

安佑宫：

宫门　二宫门　大殿

清夏堂：

宫门　前殿　后殿

万春园：

二宫门　迎晖殿　中和殿　内宫门　集禧堂　天地一家春　问月楼

圆明园：

大宫门　出入贤良二宫门　正大光明殿　圆明园殿　奉三无私　九洲清宴殿　慎德堂殿　承恩堂

上下天光　勤政殿

（宫中朱批奏折）

（同治十二年／十三年）《雷氏旨意档》《堂谕司谕档》

（十二年十一月） (P：1116-1130；P：1071-1077)

二十一日

召见明、贵，传慎德堂装修样另有小图记，明奏行宫四处二十二日随中路宫门各样、上下天光进呈。旨：天地一家春西次间进深几腿罩改飞罩，不要腿，安装料撤去。（P：1124）

十一月二十二日

进呈圆明园大宫门、二宫门、正大光明殿、明洞堂、朝房、圆明园殿、奉三无私、九洲清晏、承恩堂、福寿仁恩、思顺堂、慎德堂、得心虚妙、昭吟镜、清晖堂、硝壁、上下天光楼、值房、游廊等烫样大小六块，计二箱，并西路行宫四处画样。奉旨：留中。

召见明、贵，福寿仁恩东西耳殿撤去不要。得心虚妙改重檐四方亭，两边歇山座，三座一边高。清晖殿并耳殿撤去不要，拟盖前后廊殿七间，西山游廊接九洲清晏东山前檐游廊，东院两卷房正房、御前房六座俱撤去不要，院分中盖三卷二面抱厦房一座，南面仿照得心虚妙山石高峰。承恩堂宫门内朱油板墙二道撤去不要，宫门内添影壁一座，前殿北后殿南添丹陛一道，两边添石栏杆，东南角各等处值房现系参差不齐，著前边踏勘，拟安排数整齐再行烫样呈览。圆明园殿、奉三无私之前油饰，上架五彩，下架朱油，往北至九洲清晏左右，慎德堂等俱改斑竹式油饰。天地一家春交下更改装修烫样，并慎德堂新定装修烫样，均于二十八日呈览。清夏堂前殿后两卷殿装修，着前边拟烫装修进呈。上下天光楼改五间，上下檐俱周围廊。

旨：二十三日着明、贵带领雷思起至宁寿宫，看各殿装修样式丈量，并查南海春耦斋楼梯样式，安在上下天光楼上。贵面奏天地一家春、慎德堂、清夏堂等处装修请旨：俱系紫檀、红木、花梨、檀香、象牙，此项木料现在京中较短，由广东本地去做，抑或行文广东督抚行取，派员送京交纳；奏要板片，不要圆径，向来硬木十檀九空，请旨准其行文广东，要各样板片，其应如何长、宽、高、厚、尺丈块数，着派雷思起详细按照各座定准装修槽数开具丈尺清单，呈明以备行文广东。（P:1124-1126）

二十三日

贵交更改福寿仁恩耳殿等十七处，改妥腊月初四呈览。午刻随同明、贵至宁寿宫、乐寿堂查勘仙楼式样，丈量尺寸，拟在上下天光楼上安，并着画七处殿座，戌刻送宅。（P:1074）

二十六日

召见明、贵（堂郎中贵宝），贵赏内务府大臣衔，雷思起赏二品顶戴，雷廷昌赏三品顶戴。

旨：慎德堂新建殿，并九洲清晏、福寿仁恩游廊等座，不要斑竹式，俱改青金绿油饰。春耦斋乐寿堂二处原有仙楼著烫样，上下天光著外边拟仙楼，楼梯要藏不露明，烫样呈览。着贵至（二十八日）圆明踏勘新建殿地势丈尺，并查勘各座船只。上问：三处装修烫样何日呈进？贵回奏：二十九日。上又问：改中路烫样并新建殿何日呈进？贵回奏：求皇上暂缓，现在画夜赶办，出月呈进。（P;1128-1129）

二十九日

贵大人遵旨：中路大全样，南路勤政殿全烫样，慎德堂更改装修，均定准十二月初三日进呈。

九洲清晏，福寿仁恩（改回同道堂），思顺堂（皇后住），后殿（近贵人住），同顺堂前殿，承恩堂后殿，新建殿（慧妃住），七处内檐装修。

思顺堂另烫小全样一分，新建殿另烫小全样一分，同顺堂、承恩堂另烫小全样一分，均于初五、六日呈进。

上下天光、课农轩、紫碧山房、春耦斋、双鹤斋、乐寿堂、春雨轩，算各装修应用红木、紫檀、花梨板数。（P:1077）

（十二年十二月）(P:1077-1081)

初七日

呈进改安装修各殿烫样。旨留中。

思顺堂、思顺堂后殿、新建殿、同道堂、承恩堂、同顺堂、九洲清晏大样改妥，天地一家春装修改妥，上下天光楼拟妥，烫春耦斋、乐寿堂旧式，双鹤斋旧式烫样。四路行宫、三卷殿、前后院东西院当宽、长尺寸，拟前书房向北，今晚贴签送宅。（P:1078）

十二日晚

堂夸兰达在宅改慎德堂梧桐树八棵，添八方花池八座；七间殿后添东拐角灰棚一间，拐角墙、角门换大亭子，拟添遊廊九间；思顺堂前殿后层竹子糊一品蓝纱；思顺后殿灵仙祝寿花样糊月白纱；天地一家春添琴桌二张，换炕桌，架几案二张，连二床加栏杆瓶木；上下天光楼改撤一层，进深满亮楼面、后廊；九洲清晏照春耦斋进深加几腿罩、楼下高尺寸；七间殿后槅扇改支窗；天地一家春改百十件（六款落矮百十件），磁砖补画九十六个大寿字；思顺堂改三面仙楼。（P:1079）

（十三年正月）(P:1141-1142；P1085-1088)

十一日

召见崇、魁、春、诚、贵。当日交下思顺堂前后殿，东西配殿，新建七间殿，福寿仁恩殿，新拟承恩堂殿，同顺堂殿，九洲清晏仙楼挂檐床罩，上下天光楼，思顺堂前后殿烫样；新建七间殿带河亭烫样，中路圆明园等处烫样二块；春耦斋、乐寿堂烫样二分撤回，九洲清晏装修样撤回，同道堂院内戏台撤回，改三卷。

贵传旨：将烫样一切样子俱加大做八达马地盘托，大房座做木头的加大，小房座等俱按烫样，大房座尺寸大小明日我与孟总管商量。回奏：做不了，如烫样尺寸加大，还可以行。明日再听之。（P:1141-1142）

二十九日

堂夸兰达谕：将福园门、万春园、西南门外等处他坦房间旧式，知会各路查明画样呈看，并着初二日下圆明园查工灰线。万春园内戏台初二日后请孟总管请旨，查漱芳斋戏台天井地沟。又谕：所有奏过烫样各分俱画样一个存堂上。又传万春园、东西路十一处暂不必灰线，将来仍归本路办，再传再办。上下天光楼着暂存，不必进呈，并不在此它它之内。又请示孟总管清夏堂、万春园大样，孟总管云未传旨，听再办。

堂夸兰达谕：着将布装修归着好听信外传，并将各款做法开单入文书。（P:1088）

光绪《总管内务府奏遵旨收存圆明园殿宇正梁折》 (P：753-754)

（光绪元年四月初六日）

总管内务府谨奏，为遵旨朝看圆明园各处殿宇，安供正梁暂拟撤下，敬谨收存，恭折仰祈圣鉴事。

本年四月初三日总管太监杨长春口传，奉旨：所有圆明园安佑宫等处安供正梁，及各座殿宇现立木架等工，著总管内务府大臣前往查看情形，酌拟具奏。钦此。臣崇纶、魁龄遵即于初五日赴园，查看所有园内各处殿宇、房间已修未齐工程，业经于上年七月二十九日遵奉谕旨一律停工外，其未修殿宇所供正梁支搭席棚架木，既已停工，诚恐日久雨水淋濯，易致损坏，即使随时保护，亦属不易。臣等拟将安佑宫正梁一架安奉在安佑宫宫门内，清夏堂前后殿正梁二架安奉在清夏堂宫门内，天地一家春、迎晖殿、中和堂、问月楼、集禧堂正梁五架，安奉在新添两卷殿内，正大光明殿、奉三无私、九洲清晏、慎德堂、上下天光、思顺堂前后殿正梁七架，安奉在圆明园殿内，敬谨收存。其穆宗毅皇帝御书上梁大吉，均用油布包裹，敬谨封护，现在架木席棚，饬令该商即行撤卸运出。臣等并饬知该管司员，督率本处官员及精捷营、绿营官员兵丁等，会同该处首领太监严密巡查看守，以昭慎重。

所有臣等酌拟各处安供正梁暂行撤下，妥协收存缘由，恭折奏闻，伏乞皇太后、皇上训示遵行。为此谨奏。等因。

于光绪元年四月初六日具奏，奉旨：依议。钦此。

（内务府档）

●《内务府已做活计做法清册》

刘敦桢《同治重修圆明园史料》，《中国营造学社汇刊（第4卷，第2期）》：138页。

楼面阔三间，清理台基渣土，计面阔八丈七尺四寸，进深三丈八尺四寸，均折高四尺，起刨运出。

●样式房略节单

国家图书馆藏样式雷排架062-2号（同单前记九洲清晏、同道堂、慎德堂天棚尺寸，本处略）

上下天光

天棚一座三间　通面宽六丈三尺　进深一丈六尺五寸　月台上柱高三丈三尺　前檐挑柁三尺五寸　挑杆二尺五寸　后檐挑柁三尺　挑杆二尺　两山各出挑四尺

●《圆明园工程料估清册》（光绪）*

国家图书馆文献缩微复制中心编《圆明园档案史料丛编（八）》，全国图书馆文献缩微复制中心，2004年：3299-3311页

上下天光楼改修一座五间，内明间面阔一丈五尺四，次进间各面阔一丈四尺，进深二丈四尺，两山各显三间，各面阔八尺，外周围廊各深五尺，楼柱通高二丈四尺，径一尺二寸，八檩卷棚歇山，安承重间枋楞木，铺板挂沿板、圆椽、顺望板、枙梁，帮助长蓋，俱长楞签锭热铁，缠箍初号拉扯。

装修：上下层横楣四十八扇，坐凳栏杆二十六扇，琵琶栏杆二十四扇。全内五抹槅扇四槽，支摘窗二十八槽，单横披三十二槽，簾架四座，槛墙板十四槽。内里楼梯一座，随扶手栏杆，护槛墙壁子十四槽，安木顶隔，俱边棂稠密，上铺苇席一层，签锭镀银细亮铁槽活。

台基面阔八丈七尺四寸，进深四丈四寸，明高二尺六寸，拆换青白石混沌阶条，柱顶，土衬，后檐连面六级踏跺，周围滴水等石。

拆砌并添砌：磉墩，拦土，土衬，踏跺背，底背，后厢内背砌。槛墙里皮俱新扬城砖，外皮细澄浆城砖。头停苫盘踩五次，加江米汁搀合二次，均厚三寸，搀灰泥背一层，均厚二寸，青灰背三层，麻连口袋二层，打拍子三次，提压溜浆三次。排山勾滴调箍头脊，角脊，博脊瓦（宀+瓦）澄浆头号筒瓦。内里地面细尺七金砖，台面细澄浆尺七方砖，散水细澄浆城砖，散水地脚刨筑灰土二步。

油饰：下架使灰七道，满麻二道，布一道，糙油垫光油。内柱子、槛框、榻板、面板、挂檐板光朱红油，槛墙光蓝粉油，山花、博缝转朱油地三成，花心、栏杆心使灰，糙油刷胶。横楣、边抹、望板当、连檐、瓦口使灰三道，糙油俱光朱红油。上架枋梁大木使灰六道，满麻二道，糙油彩画苏做，二青石碌地，沥粉金琢墨，退晕搭袱子，金转枝莲，宝祥花找头，博古花卉掏子，汉丈式箍头金，万字掏珠子，边缘线沥粉贴金。角云、角梁刷青碌线路贴金，椽子横楣心，琵琶栏杆使灰三道，内椽子糙油衬二碌刷大碌。横楣心刷青碌，五彩苏色压老色，掏水红里。琵琶栏杆刷青碌，开彩黄线荷叶蒂并雕花，周围线路贴金。椽头使灰，彩画金万寿字剔青碌地飞头，罩油挂檐板、响板，云山花结带，群绦雕花，槛框线路俱使油贴金。望板上捉灰溜缝糊高丽纸条，二层满糊高丽纸，一层锡背上溜缝，油糊布三层，各宽三寸。

糊饰内里：顶槅壁子糊高丽并见木灰，糊方栾抄子白本纸各一层。棚沟高丽纸二层，窗心高丽纸槅扇。硬博缝打合背白布八层，西纸二层。软博缝托裱高丽，俱糊香色杭，细衬香色毛边纸各一层，亮铁边钉压锭。

头停苫铺护脊锡背，宽五尺。护角梁各宽三尺，高锡焊缝。

---

*《圆明园工程料估清册》档案的时间在《圆明园档案史料丛编（八）》中没有明确的写出。根据中国国家图书馆藏《清代孤本内阁六部档案》是按照时间顺序收录的清代六部档案，其中工部档案第一篇《承修东陵工程处堂标簿》是光绪二年三月所作，直到光绪三十三年的《成做乾清门安设香几灯料估清册》，后面的内容虽然都没有时间记载，但是按照时间顺序，并结合《圆明园工程料估清册》前后的《龙泉峪万年吉地礼工部东营门一座挪盖续估清册》和《修建崇陵做法细册》都属于光绪年间档案，由此来推测《圆明园工程料估清册》可能是光绪朝的。

前月台一座，面阔四丈七尺，进深二丈，明高二尺，迎面连面十二级马头一座，两山连面五级踏跺二座，如意象眼等石，周围地伏柱子栏板抱鼓。酌拟。

拆修、拆安：混沌、阶条、土衬、垂带级石挑换新石三成。换安地伏、柱子、栏板、抱鼓，其余旧石截头夹肋刷面，占斧扁光。拆安马头大料，石头缝下铁锭抅捉，油灰缝。拆砌土衬、踏跺、背底、厢内背砌，俱新扬城砖台面，细澄浆城砖，中心细澄浆尺四方砖，两山散水细澄浆城砖，散水地脚刨筑灰土二步。

北值房一间，面阔八尺，进深九尺，柱高七尺五寸，径六寸，四檩卷棚硬山头停，满铺横望板成造。酌拟。

揭瓦（宀+瓦）：拆换桁条一根，挑换檐椽五成，罗锅椽三成，满换望板、连檐、瓦口、门窗，木植换新。拆安阶条，挑换新石三成，其余旧石截头夹肋刷面，占斧拆砌台帮。墙垣拆换压面。头停苫搀灰泥背一层，青灰背二层，提压溜浆二次，瓦（宀+瓦）二号布筒、板瓦。拆换地面台帮，地脚刨筑灰土二步。

油饰：大木装修，见缝捉腻使灰，磨洗汁浆，刷楠木色，罩油二道。连檐瓦口使灰三道，糙油光朱红油。柁椽头使灰刷碌，内椽头罩油。

糊饰内里：顶槅糊双抄呈丈并见木，墙身俱糊方栾抄子、银笺纸各一层，窗心高丽纸。

周围院墙凑长五丈六尺，随门口一座。酌拟

拆修：门口木植换新，拆砌墙身、拔檐、花瓦，抹饰青白灰，地脚刨筑灰土二步。

油饰：见缝捉腻使灰，磨洗汁浆，刷楠木色，罩油二道。

上下天光周围甬路凑长二十三丈一尺。酌拟。

拆墁砖块换新，石子添新七成，地脚刨筑灰土二步。

●圆明园恭纪

国家图书馆文献缩微复制中心编《圆明园档案史料丛编（一）》，全国图书馆文献缩微复制中心，2004 年：434-435 页

书院西为慈云普护（四十景之一也），前殿南临后湖三楹为欢喜佛场，其北楼三楹，上奉观音大士，下祀关壮缪，东偏为龙王殿，祀圆明园昭福龙王。慈云普护之西，临湖有楼上下各三楹，为"上下天光"（四十景之一也），左右各有六方亭，后为平安院。西折而南度桥为杏花春馆（四十景之一也），西北为春雨轩，轩西为杏花村，村南为涧壑余清。春雨轩后，东为镜水斋，西北室为抑斋，又西为翠微堂。

附录6　　相关研究成果目录

● 刘敦桢，同治重修圆明园史料（续）[J]. 中国营造学社汇刊, 1933, 4(3～4):271.

● 贺艳，上下天光 [A]. 数字再现圆明园 [G]. 上海：中西书局，2012.138-169.

● 郭黛姮，贺艳，上下天光 [A]. 圆明园的"记忆遗产"—— 样式房图档 [M]. 杭州：浙江古籍出版社，2010.249-266.

● 曹宇明，郭黛姮，上下天光 [A]. 圆明园胜景 [G]. 上海：中西书局，2012.30-33.

● 圆明园管理处，圆明园百景图志 [G]. 北京：中国大百科全书出版社，2010.50-53.

● 北京市文物所，《上下天光景区考古发掘报告》（未刊稿）

● 贺艳，再现·圆明园—— 上下天光 [J]. 紫禁城，2012(02):12-27.

● 贺艳，从皇子赐园到君帝御园—— 圆明园营建变迁原因探析 [D]. 北京：清华大学建筑学院，2005.

● 何重义，圆明园造园艺术的再认识 [J]. 古建园林技术，2009(03):18-22，48，83.

● 金鉴，圆明园四十景之三—— 上下天光 [N]. 中国档案报，2002-01-25(005)

● 张凤梧，样式雷圆明园图档综合研究 [D]. 天津：天津大学建筑学院，2009，pp.72.

● 端木泓，圆明园新证—— 乾隆朝圆明园全图的发现与研究 [J]. 故宫博物院院刊，2009(01):22-36.

● 靳枫毅，王继红，圆明园遗址考古勘察与发掘的成果极其意义 [A]. 圆明园学刊第七期 [C],2008.87-109.

● 乔匀，众流竞下汇圆明—— 圆明园四十景意境初探 [A]. 圆明园学刊第五期 [C],1992.117-13.

附录7　　残存构件调查表

编号	构件种类	尺寸 长×宽×高(厚) 单位mm	材质	残损状况	照片
A08-01	栏板地伏石	750×420×130	白石	构件位于月台东南角，四角残损严重，从排水孔中心向上断裂，有风化现象，表面出现锈迹、白色盐性结晶，有黑色字迹和蓝色油漆。	
A08-02	栏板地伏石	420×330×130	白石	此构件位于月台东南角。构件整体残损严重，从南北两侧看残损体积不同。构件存在风化现象，表面出现锈迹。地伏边棱有小部分残缺和蓝色油漆。	
A08-03	栏板地伏石	280×230×130	白石	此构件位于月台东南角。构件整体残损严重，从南北两侧看残损体积不同。构件有风化现象，表面出现锈迹。地伏边棱有较多残损。	
A08-04	栏板地伏石	920×330×130	白石	此构件为月台南侧，东起第二块栏板。构件整体残损严重，有风化现象，表面出现锈迹，地伏边棱有部分残缺，东侧断面有粘修痕迹和蓝色油漆。	
A08-05	栏板地伏石	宽370	白石	此构件位于月台南侧，是东起第三块栏板的一角。构件整体残损严重，有风化现象，表面出现锈迹，并有少许蓝色油漆。	

编号	构件种类	尺寸 长×宽×高(厚) 单位mm	材质	残损状况	照片
A08-06	栏板地伏石	410×280×130	白石	此构件位于月台南侧，是东起第三块栏板的一角。构件整体残损严重，有风化现象，表面出现锈迹，并有少许蓝色油漆。	
A08-07	栏板地伏石	410×410×130	白石	构件位于月台南侧，与栏板地伏石A08-06为同一块栏板的残存。整体残损严重，有风化现象，表面出现锈迹，西侧角部有大片残缺，南侧表面有裂纹，顶面有蓝色油漆。	
A08-08	栏板地伏石	730×410×130	白石	构件位于月台南侧，紧邻入水台阶东侧。构件整体残损严重，存在风化现象，表面出现锈迹。南侧面有明显红褐色沉积和轻微裂纹，东侧面有修补痕迹，顶面有蓝色油漆。	
A08-09	栏板地伏石	450×420×130	白石	此构件位于月台南侧，紧邻入水台阶西侧，与栏板地伏石A08-10为同一块栏板的残存。构件整体残损严重，有风化现象，表面出现锈迹和红褐色沉积，有蓝色油漆，南侧面有细小裂纹。	
A08-10	栏板地伏石	300×245×130	白石	此构件位于月台南侧，紧邻入水台阶西侧，与栏板地伏石A08-09为同一块栏板的残存。构件整体残损严重，有风化现象，表面有明显红褐色沉积和蓝色油漆。南侧面有细小裂纹，略有黑色沉积。	
A08-11	栏板地伏石	980×420×130	白石	此构件位于月台南侧，西起第四块栏板处。构件整体残损严重，有断裂痕迹，补缝处有残缺和风化现象。南侧面有裂纹，略有黑色沉积。表面出现锈迹，有蓝色油漆。	

编号	构件种类	尺寸 长×宽×高(厚) 单位mm	材质	残损状况	照片
A08-12	栏板地伏石	445×420×130	白石	此构件位于月台南侧，西起第三块栏板处。构件整体残损严重，有断裂痕迹，出现风化现象，表面有锈迹产生，北侧面有明显横向裂纹。	
A08-13	栏板地伏石	590×420×130	白石	此构件位于月台南侧，西起第二块栏板处，构件整体残损严重，北侧顶部有裂缝，裂缝处残损，表面出现风化现象，有锈迹。	
A08-14	栏板地伏石	570×400×130	白石	此构件位于月台西南角。构件整体残损严重，右侧断裂处有片状残缺，左侧与望柱连接处有修补痕迹，石榫已残。表面出现风化现象，有锈迹。	
A08-15	栏板	490×330×125	白石	构件位于入水台阶东侧，与月台连接的第一块栏板处。构件整体残损严重，断裂处有修补痕迹，与望柱连接处有残损。表面略有风化现象，有锈迹。	
A08-16	栏板	560×330×130	白石	构件位于入水台阶西侧，与月台连接的第一块栏板处。构件整体残损严重，表面出现风化现象，有锈迹。	
A08-17	栏板	470	白石	构件位于入水台阶西侧，与月台连接的第二块栏板处。构件整体残损严重，表面出现风化现象，有锈迹和黑色沉积。	

编号	构件种类	尺寸 长×宽×高(厚) 单位mm	材质	残损状况	照片
A08-18	望柱	560×130×130	白石	构件位于月台东南转角处。望柱地伏断裂缺失，西侧与栏板连接的面为残缺断面，边棱略有残损。表面出现锈迹，有黑色沉积。	
A08-19	望柱	190×130×130	白石	构件位于月台东南侧栏杆的中间位置，西侧面与栏板残存构件相连接。望柱残损严重，柱头与地伏断裂缺失，顶部断裂处有修补过的痕迹。表面出现风化现象，有锈迹和黑色沉积。	
A08-20	望柱	380×135×130	白石	构件位于入水台阶东侧，原与抱鼓石相连接。望柱柱头断裂缺失，顶部断裂处有修补过的痕迹。表面出现风化现象，有锈迹。	
A08-21	望柱	370×130×130	白石	构件位于入水台阶西侧，原与抱鼓石相连接。望柱柱头断裂缺失，修补用的石材和原石材料差异较大。表面出现锈迹，有黑色沉积。	
A08-22	望柱	350×130×130	白石	构件位于入水台阶西侧，与月台栏板相交的转角处。望柱残损严重，柱头与地伏断裂缺失，修补用的石材和原石材料差异较大。表面出现锈迹。边棱略有残损风化现象，残损处有裂纹。	
A08-23	抱鼓石	295×120×135	白石	构件位于入水台阶东侧。抱鼓石残损严重，只剩角背头部分，与地伏石连接处有裂纹，出现风化现象，表面有锈迹和黑色沉积。	

编号	构件种类	尺寸 长×宽×高(厚) 单位mm	材质	残损状况	照片
A08-24	抱鼓石	220×120×130	白石	构件位于入水台阶西侧。抱鼓石残损严重，只剩角背头部分。角背头中心有裂纹。断裂处有风化现象。表面存在锈迹，有黑色沉积。	
A08-25	垂带地伏石	3080×345×580	白石	构件位于入水台阶东侧，两端部残损严重，表面有裂纹。边棱处有残损，出现风化现象。表面有锈迹和红褐色、黑色沉积。	
A08-26	垂带地伏石	3540×345×580	白石	构件位于入水台阶西侧，两端部残损严重，边棱处有残损，出现风化现象。表面存在锈迹和黑色沉积。	
A08-27	象眼石	1520×850	青白石	构件位于入水台阶东侧，保存大致完整，表面有裂纹，略有风化现象。表面存在锈迹和黑色沉积。	
A08-28	象眼石	长900	青白石	构件位于入水台阶西侧，与月台连接的第一块栏板处。构件整体残损严重，表面出现风化现象，有锈迹。	
A08-29	象眼石	1230×700	青白石	构件位于入水台阶西侧，与月台连接的第二块栏板处。构件整体残损严重，表面出现风化现象，有锈迹和黑色沉积。	

编号	构件种类	尺寸 长×宽×高(厚) 单位mm	材质	残损状况	照片
A08-30	阶条石	900×600×145	青白石	构件位于月台与入水台阶连接处，残损严重，表面有明显裂纹，出现风化现象，有锈迹、灰土沉积和蓝色油漆。	
A08-31	阶条石	700×600×145	青白石	构件位于月台与入水台阶连接处，残损严重，边棱略有风化现象，有锈迹、灰土沉积和蓝色油漆。	
A08-32	套顶柱顶石	600×580×270 Φ360	青白石	构件位于月台东侧驳岸边，整体残损严重，中心孔洞积满灰土和杂草。表面出现风化现象，有红褐色沉积。	
A08-33	套顶柱顶石	820×680×270 Φ350	青白石	构件位于月台东侧驳岸边，整体残损严重，中心孔洞积满灰土和杂草。表面出现风化现象，有红褐色和白色沉积。	
A08-34	套顶柱顶石	650×580×200 Φ360	青白石	构件位于上下天光楼台基西南侧前面，整体残损严重，表面有灰土沉积，出现风化现象。	
A08-35	套顶柱顶石	700×650×100 Φ330 榫窝： 130×100×50	青白石	构件位于上下天光楼台基西南侧前面，边棱处有残缺，中心孔洞积满灰土和杂草，表面有灰土沉积，出现风化现象。	

编号	构件种类	尺寸 长×宽×高（厚） 单位mm	材质	残损状况	照片
A08-36	套顶柱顶石	700×550×300	青白石	构件位于上下天光楼台基西南侧前面，整体残损严重，中心孔洞积满灰土和杂草，表面出现风化现象。	
A08-37	异形柱顶石	485×560×130	青石	构件现存于"上下天光"遗址西部，构件边角处略有残缺，表面出现风化现象，有白色沉积和灰土沉积。	
A08-38	柱顶石	570×525×270 Φ360	青石	构件现存于"上下天光"山间小庙遗址处，边角处有残缺，侧面有白色沉积。表面有灰土沉积。	
A08-39	柱顶石	590×600×270	青石	构件现存于"上下天光"山间小庙遗址处，边角处略有残缺，侧面有白色沉积。表面有灰土沉积。	
A08-40	柱顶石	500×490×180	青石	构件现存于"上下天光"山间小庙遗址附近，边角处略有残缺，侧面有白色沉积。表面有灰土沉积。	
A08-41	条石	450×440×160 榫窝： 120×60×15	青白石	构件现存于上下天光楼台基西南侧前面，边棱处有残损、风化现象，表面有灰土沉积。	

编号	构件种类	尺寸 长×宽×高(厚) 单位mm	材质	残损状况	照片
A08-42	条石	655×390×210	青白石	构件现存于上下天光楼台基西南侧前面，部分埋于土中。构件残损严重，边棱处有风化现象，表面有灰土沉积。	
A08-43	条石	630×600×270	青白石	构件现存于上下天光楼台基西南侧前面，残损严重，断裂处有风化现象。表面有灰土沉积。	
A08-44	条石	1060×250×250	青石	构件现存于"上下天光"山间小庙遗址附近，残损严重，断裂处有风化现象。	
A08-45	条石	480×460×170	青石	构件现存于"上下天光"山间小庙遗址附近，残损严重断裂处有风化现象，表面有裂纹和灰土沉积。	
A08-46	条石	700×370×220 榫窝： 80×35×20	青石	构件现存于"上下天光"山间小庙遗址附近，残损严重，断裂处有风化现象。表面有白色沉积和灰土沉积。	
A08-47	条石	2000×500×260	豆渣石	构件现存于"上下天光"山间小庙遗址附近，残损严重，断裂处有风化现象。表面有白色沉积和灰土沉积。	

编号	构件种类	尺寸 长×宽×高(厚) 单位mm	材质	残损状况	照片
A08-48	条石	970×480×340	豆渣石	构件现存于"上下天光"山间小庙遗址附近，残损严重，断裂处有风化现象。表面有白色、红褐色沉积和灰土沉积。	
A08-49	条石	850×440×340	豆渣石	构件现存于"上下天光"山间小庙遗址附近，残损严重，断裂处有风化现象。表面有白色、红褐色沉积和灰土沉积。	
A08-50	条石	1050×610×410	豆渣石	构件现存于"上下天光"山间小庙遗址附近，残损严重，断裂处有风化现象。表面有白色沉积和灰土沉积。	
A08-51	条石	920×360	豆渣石	构件现存于"上下天光"山间小庙遗址附近，残损严重，断裂处有风化现象。表面有白色沉积和灰土沉积。	
A08-52	条石	970×380×140	豆渣石	构件现存于上下天光楼基址北面，大部分埋于土中，边棱处有风化现象，表面有白色沉积和灰土沉积。	
A08-53	条石	1100×500×470 榫窝： 135×85×70	豆渣石	构件现存于上下天光楼基址北面，残损严重，断裂处有风化现象。表面有白色、红褐色沉积和灰土沉积。	

编号	构件种类	尺寸 长×宽×高(厚) 单位mm	材质	残损状况	照片
A08-54	条石	930×280×490 榫窝: 140×85×70	豆渣石	构件现存于上下天光楼基址北面,大部分埋于土中,残损严重,断裂处有风化现象。表面有白色沉积和灰土沉积。	
A08-55	条石	1220×385×130	青石	构件现存于上下天光楼基址北面,残损严重,断裂处有风化现象。表面有白色沉积和灰土沉积。	
A08-56	条石	830×320	豆渣石	构件现存于上下天光楼基址北面,大部分埋于土中,残损严重,断裂处有风化现象,表面有灰土沉积。	
A08-57	条石	810×550×230	豆渣石	构件现存于上下天光楼基址北面,残损严重,断裂处有风化现象,表面有灰土沉积。	
A08-58	条石	550×280×170	青石	构件现存于上下天光楼基址北面,残损严重,断裂处有风化现象。表面有白色沉积和灰土沉积。	
A08-59	条石	660×450×145	青石	构件现存于上下天光楼基址东面,残损严重,断裂处有风化现象。表面有白色沉积和灰土沉积。	

编号	构件种类	尺寸 长×宽×高(厚) 单位mm	材质	残损状况	照片
A08-60	条石	850×450×140	青石	构件现存于上下天光楼基址北面，残损严重，断裂处有风化现象。表面有红褐色沉积和灰土沉积。	
	月台南立面东侧		青白石 青石 豆渣石	①部分残损 ②有红褐色沉积 ③表面有灰土沉积	
	月台南立面西侧		青白石 青石 豆渣石	①部分残损、断裂 ②有些构件出现裂纹 ③有红褐色沉积 ④表面有灰土沉积	
	月台北立面西侧		青石	①立面只有小部分斗板石残留 ②有一构件有蓝色字迹 ③部分构件表面有白色沉积 ④部分构件表面有裂纹	

附录8　　上下天光遗地总平面图

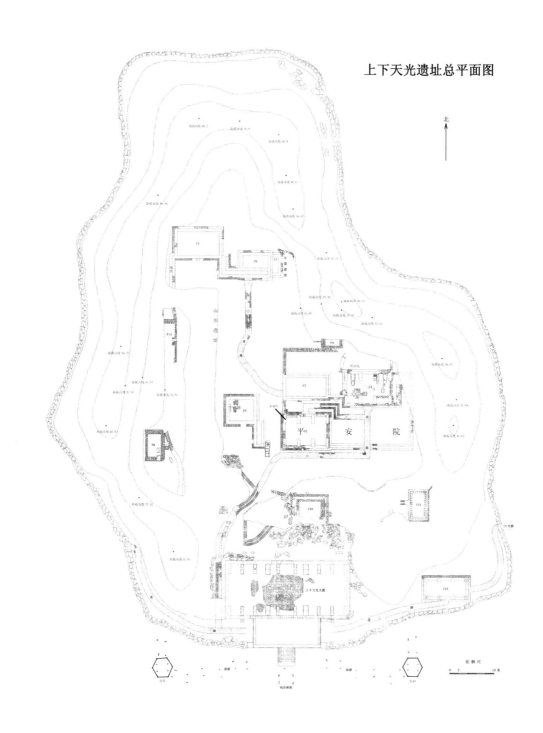

上下天光遗址总平面图

后记 POSTSCRIPT

　　2002 年，我第一次进入圆明园西部（未开放遗址区）调研。郭老师领着我在泥泞的小路上崎岖前行，她非常熟悉地边走边告诉我"这是'九洲清晏'""这是濂溪乐处"，但我满眼见得的却都只是荒草……心中既无法因"直面"废墟而生起凄凉悲怆感，脑中也完全想象不出这座昔日御园的壮丽辉煌。

　　半年后，我正式进入圆明园研究课题组，开始对样式房图档等第一手营建史料进行仔细的爬梳、对比，对圆明园在 150 年间一点点构建、变化的过程慢慢地清晰起来。然而，虽然我们绘制出了许多建筑复原图，虽然我们拥有建筑史专业的空间想象力，我们依然为无法切身体会"走在院子里环顾四周，或者坐在屋子里眺望窗外"的感受而感到无比遗憾，因为"步移景异"和连续流动的空间体验对于一座中国古典园林而言，是多么的重要！当时我们就时常设想——如果能用数字模型把我们的研究图纸变成虚拟的立体空间，让我们以及更多的普通人可以多角度地体验圆明园曾经的面貌，该有多好啊！

　　2004 年 3 月，还是春寒料峭时节，北京市文物研究所的靳枫毅先生邀请郭老师到圆明园考古工地调查发掘出的建筑遗址。郭老师领着我和肖金亮、叶冠国等研究生——带着相机、皮尺、盒尺、绘图板、坐标纸——进入当时尚未开放的圆明园"西区"（相对圆明三园遗址属于西部，实际上是圆明园的中心区）内的"上下天光""坦坦荡荡"等遗址发掘现场。这是我第一次进入考古发掘现场，也是我第一次发现圆明园内居然还有信息如此丰富的中式建筑遗址（当时含经堂遗址已被全部覆砖）：柱础、散水、云步、室内铺地砖等，兴奋之情自然难以言表。在看到"上下天光"岸边出土的这些曲桥柏木桩时，我们还在现场琢磨、比划这些"点"该怎么连成桥。同时，我们对所见到的建筑元素都进行了摄影和简单的测量记录。

由于遗址上对称六角桥亭柏木桩的发现，提醒我注意到《圆明园四十景图》和《日下旧闻考》中的不同记载，同时结合故宫和国图所藏圆明园总平面图中"上下天光"桥亭形式的不同，首次梳理确定了"上下天光"景区在乾隆初期、乾隆中期、道光时期三个基本的改建脉络；并根据测绘图绘制了对比平面复原图；还利用 photoshop 软件对彩绘绢本四十景进行了"修改"，模拟出前后四期的"绢本效果图"进行对比，以更好的分析建筑改建的前后景观特点。这些发现随后都写入了我的毕业论文《从皇子赐园到帝君御园——圆明园营建变迁原因探析》。

然而，真正把 10 年来严谨的学术积累和先进的数字技术结合并转化为"数字圆明园"的尝试，直到 2009 年 2 月才正式开始。项目启动后，我们选择"上下天光"和"坦坦荡荡"作为最早的两个实践景区。其中，"上下天光"景区侧重于总图复原工作规程建立，"坦坦荡荡"景区侧重于建筑单体复原工作规程建立。在前期已有研究的基础上，由于又得到靳枫毅先生提供的考古报告和发掘照片，并在国图补充调阅了相关样式房图纸和略节，形成了"档案文献－样式房图－遗址实测－考古报告"相结合的工作模式。上下天光楼前天棚立面图，就是在这一阶段通过与主楼详细的细部尺寸对比得以确认的。

"上下天光"改建前后各期的数字模型和虚拟现实场景合成完成后，我们终于可以清晰地感受到改变前后的空间变换，实现了当年的愿望。通过不同时期的对比、叠加也更生动地呈现了数字再现而不是实体复建的意义。在"再现圆明园"APP中，时间转盘的设计也是以"上下天光"为原型开发的，所以《数字圆明》丛书也选择《上下天光》作为第一本单行的分册。

而"数字圆明"所有科研成果的取得，都应该感谢郭黛姮教授和靳枫毅研究员极富远见的跨界思维和毫无保留的通力合作。

图书在版编目(CIP)数据

上下天光/贺艳主编；—上海：上海远东出版社,2017
（数字圆明）
ISBN 978-7-5476-1234-7

Ⅰ．①上… Ⅱ．①贺… Ⅲ.①圆明园－数字化－复原－研究
Ⅳ．①TU-87

中国版本图书馆CIP数据核字(2016)第308208号

上下天光

主编/贺　艳
责任编辑/贺　寅　　　　装帧设计/熙元创享文化
联合策划：北京数字圆明科技文化有限公司
　　　　　　北京市海淀区圆明园管理处
　　　　　　北京清华同衡规划设计研究院有限公司
　　　　　　北京清城睿现数字科技研究院有限公司

出版：上海世纪出版股份有限公司远东出版社
地址：中国上海市钦州南路81号
邮编：200235
网址：www.ydbook.com
发行：新华书店　上海远东出版社
　　　　上海世纪出版股份有限公司发行中心
制版：熙元创享文化
印刷：北京华联印刷有限公司
装订：北京华联印刷有限公司

开本：889×1194　1/12　　印张：14.3　　插页：1页　　字数：250千字
2017年6月第1版　2017年6月第1次印刷

ISBN 978-7-5476-1234-7/G·783
定价：148.00元